ニュートン式
超図解

最強に面白い!!

人体

JN084772

はじめに

　「人体」とは，私たち自身のことです。けれど，私たちは自分の体が
どう動いているのか，そのしくみをどこまで知っているでしょう？
1回の呼吸で取りこまれる酸素の量はどのくらい？　そもそも酸素は
体の中でどう使われている？

　人体は，たとえ私たちが意識しなくても，呼吸する・食べた物を消
化する・体温を保つ・排せつするといった，生命の活動に欠かせない
はたらきを維持してくれます。また，見る・聞く・考えるといった情
報処理，体を守る免疫機能やホルモンのはたらきまで，どんな精巧な
コンピューターよりも優秀に人体を統制しています。実は，私たちは，
とてもすごい機能に支えられて生きているのです。

　本書は人体のしくみを，「消化」や「呼吸」といった，一連の流れに
沿って解説していきます。複雑で精巧にできている人体の不思議を，
"最強に"面白く紹介する1冊です。

ニュートン式
超図解　最強に面白い!!

人体

2. 全身に酸素を届ける肺と心臓

3. 体を形づくる皮膚・骨・筋肉

4. 思考と感覚を司る脳と感覚器

5. 体内をかけめぐる血液

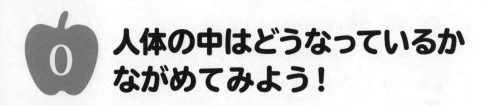

0 人体の中はどうなっているか ながめてみよう！

人体は，さまざまな器官が連携して動く

私たちはつねに呼吸し，食べる・眠る・排泄するをくりかえしています。また，考えたり，感情を伝えたりもします。そうした活動は，人体のそれぞれの器官が連携して行われています。

体の中をめぐる血管は，地球2.5周分！

私たちの体を維持するのに，どんな器官が必要なのでしょう。右のイラストを見てください。体の中には，さまざまな器官があります。たとえば，毛細血管まで含めると，血管の長さは平均して約10万キロメートル。地球を約2.5周するほどの長さになります。また，皮膚の重さは皮下組織まで含めると，約9キログラム（体重の14％）にもなります。

第1章から，人体のそれぞれの器官がどのように連携して動いているのかをみていきましょう。

人体のおもな器官

体内には，思考を司どる器官，消化のための器官，呼吸のための器官など，さまざまな器官が収まっています。イラストでえがいた各器官のくわしい説明は，オレンジ色の文字で示したページで紹介しています。

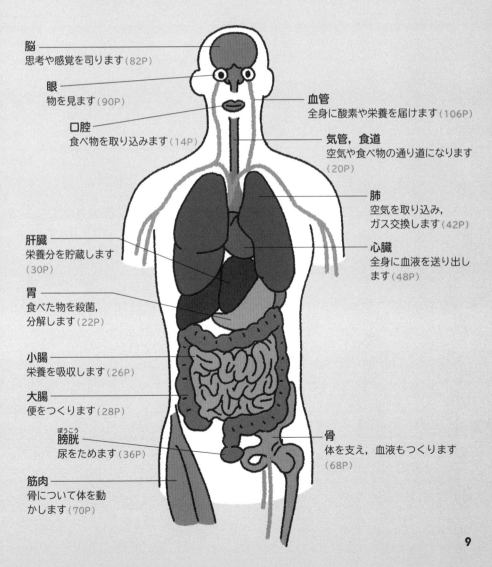

脳
思考や感覚を司ります（82P）

眼
物を見ます（90P）

口腔
食べ物を取り込みます（14P）

血管
全身に酸素や栄養を届けます（106P）

気管，食道
空気や食べ物の通り道になります（20P）

肺
空気を取り込み，ガス交換します（42P）

肝臓
栄養分を貯蔵します（30P）

心臓
全身に血液を送り出します（48P）

胃
食べた物を殺菌，分解します（22P）

小腸
栄養を吸収します（26P）

大腸
便をつくります（28P）

膀胱
尿をためます（36P）

骨
体を支え，血液もつくります（68P）

筋肉
骨について体を動かします（70P）

1.消化の旅

私たちは毎日，食べ物から栄養分を得て，活動のエネルギー源にしています。私たちの体は，どのようなしくみで食べ物から栄養分をしぼりとっているのでしょうか？ 口から入った食べ物が体の中を通り抜け，排出されるまでを見てみましょう。

① ご飯は，消化液で分解 されてから吸収される

「消化」は，口の中に入った時からはじまる

　食べ物や飲み物の「消化」は，口の中に入ったときからはじまります。消化とは，食べ物のかたまりを細かくくだき，消化液による化学反応で，栄養素の成分を体内に吸収できるまで細かく分解していくことです。

　ヒトが消化を行うのは，栄養素の成分（分子）がそのままでは大きすぎ，また私たちの体の成分とはことなるからです。細かく分解しないと体内に吸収できず，異質なものと認識されてしまうのです。

食べ物は，口から肛門までを旅する

　食べた物を便としてトイレで目にするときには，色も形も変わりはてた姿になっています。食べた物は歯でかみくだかれ，だ液などとまざり，少しずつ姿を変えて消化・吸収され，その残骸が便になるからです。口から肛門までは約９メートル。食べ物はおよそ20時間以上におよぶ旅をします。次のページから，消化のしくみをさらにくわしくみていきましょう。

炭水化物を食べると……

炭水化物は米やパン，めん類などに多く含まれる栄養素です。
だ液などで分解され，一つ一つの糖（単糖）となり，活動のエ
ネルギー源として肝臓から体中の細胞へ供給されます。

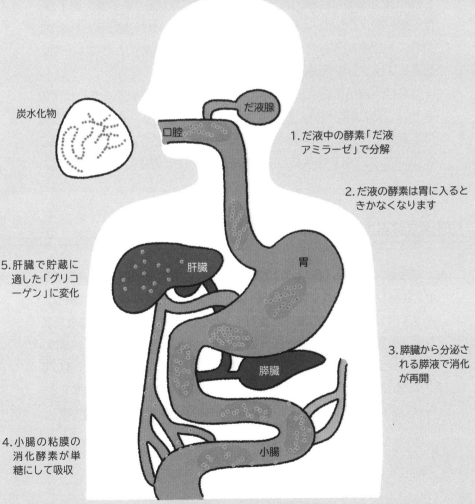

炭水化物

だ液腺

口腔

1. だ液中の酵素「だ液
   アミラーゼ」で分解

2. だ液の酵素は胃に入ると
   きかなくなります

5. 肝臓で貯蔵に
   適した「グリコ
   ーゲン」に変化

肝臓

胃

膵臓

3. 膵臓から分泌さ
   れる膵液で消化
   が再開

4. 小腸の粘膜の
   消化酵素が単
   糖にして吸収

小腸

13

だ液は、つくられる場所でねばねば具合がちがう

だ液には、殺菌効果や虫歯予防効果もある

　　消化液である「だ液」は、おもに三つのだ液腺（耳下腺、顎下腺、舌下腺）でつくられ、1日におよそ1〜1.5リットルも分泌されます。つねに一定量が分泌されているわけではなく、食事のときは1分間に約4ミリリットル程度と多くなります。

　　だ液は、消化作用や、食べ物がのどや食道を通りやすくする作用のほかに、歯の間に残った食べかすを洗いながします。また、殺菌作用のあるタンパク質（リゾチーム）で細菌の繁殖を防ぎ、口の中を清潔に保つ、口内のpHを中性にして虫歯を防ぐ、などのはたらきをします。

だ液のねばねばは、タンパク質

　　だ液はほとんど（99.5％）が水分で、その中に消化酵素（アミラーゼ）や粘り気のあるタンパク質（ムチン）などを含みます。だ液腺によって、分泌されただ液に含まれるタンパク質の種類と量がことなるため、それぞれのだ液腺から分泌されるだ液は、粘性がことなります。また、リラックスして食事をしているときには口の中がさらさらしているのに対して、緊張したときにはねばねばします。これは緊張すると、だ液の全体量が減る一方で、タンパク質の分泌量がふえるためです。

だ液をつくるだ液腺

だ液腺は左右に三つずつあります（耳下腺，顎下腺，舌下腺）。
だ液腺の出口は，肉眼でも確認できます。また舌や口腔の粘膜
には，小さなだ液腺が存在します。

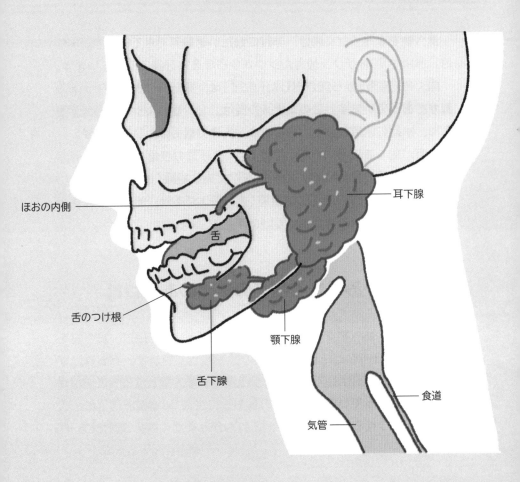

ほおの内側

舌

耳下腺

舌のつけ根

顎下腺

舌下腺

食道

気管

15

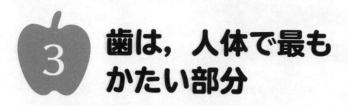

3 歯は，人体で最も かたい部分

歯は水晶にも匹敵するかたさ

　食べ物をかみくだく歯は，非常にかたい組織でできています。本体は，およそ70％がリン酸カルシウムからなる象牙質（ぞうげしつ）でできています。歯ぐき（歯肉）から突き出した「歯冠（しかん）」は，象牙質の表面をエナメル質がおおっています。このエナメル質は，リン酸カルシウムが大半をしめ，水晶に匹敵するかたさをもつ，人体で最もかたい部分です。

　一方，歯ぐきにうもれた「歯根」は，象牙質の表面をセメント質がおおい，周囲の骨（歯槽骨（しそうこつ））との間を，丈夫な組織（歯根膜（しこんまく））がつないでいます。象牙質の内部には空洞（歯髄腔（しずいくう））があり，そこにある歯髄の中を神経組織や血管が通っています。

親知らずはかみくだく機能の退化のあらわれ

　哺乳類は，食べ物をかみ切る犬歯（けんし）や切歯（せっし）（ヒトの前歯），食べ物をすりつぶす臼歯（きゅうし）など，複数の形状の歯をもっています。ヒトは，かみくだく機能が退化していて，ゴリラなどの類人猿とくらべて犬歯が目立たなくなっています。口内の最も奥に生える「親知らず」は，人によってはつくられさえもせず，これもかみくだく機能の退化の一例です。

歯の断面と，歯の種類

上の図は歯の断面，下の図は下顎の歯並びを示したものです。
永久歯は，前歯3本（切歯2本，犬歯1本）と奥歯5本（小臼歯2
本，大臼歯3本）の8本が，左右上下に4組，合計32本あります。

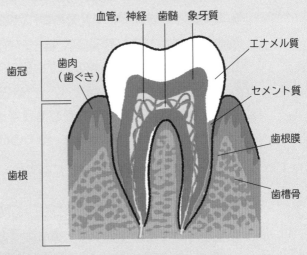

血管，神経　歯髄　象牙質
エナメル質
セメント質
歯冠
歯肉（歯ぐき）
歯根膜
歯根
歯槽骨

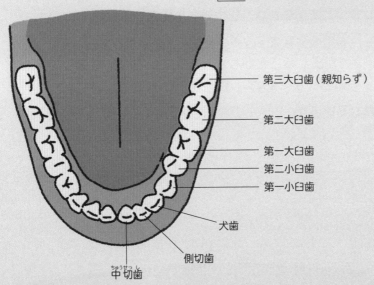

第三大臼歯（親知らず）
第二大臼歯
第一大臼歯
第二小臼歯
第一小臼歯
犬歯
側切歯
中切歯

17

かむ力が最強の動物は？

ヒトが思いっきり物をかみしめたときに出せる力は，その人の体重と同じくらいで，その25％くらいが食べやすい食べ物のかたさだといわれています。ちなみに，せんべいをかむときには14キログラム程の力が必要です。

野生動物は，ヒトよりもかむ力がずっと強いです。かむ力がいちばん強い動物は何か？　多くの研究チームが，さまざまな動物のかむ力を研究しています。

2012年，アメリカのグレゴリー・M・エリクソンは，現存するあらゆる動物の中で，最も強い力でかむことができるのはイリエワニであるというレポートを発表しました。23種類のワニに測定器をかませる実験したところ，イリエワニは，1.7トンの力が出せることがわかりました。なお，絶滅したティラノサウルスは，5.8トン以上の力でかむことができたと推測されています。

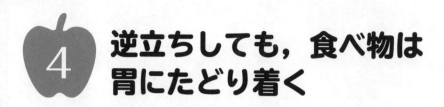

4 逆立ちしても，食べ物は胃にたどり着く

胃へ行くか，肺へ行くか。のどで交通整理

　私たちののどには，胃に食べ物を送る「食道」と，肺に空気を送る「気管」という，二つの管が連結しています。食べ物が通るとき以外は，空気を通すために気管の入り口だけが開いています。食道の入り口は，食べ物を飲みこむとき以外は食道の管をとりまく筋肉（輪状咽頭筋^{りんじょういんとうきん}）によって閉められています。

　反対に，食べ物を飲みこむときは，気管の入り口が一時的にふさがれ，同時に食道の入り口の筋肉がゆるんで，食道が開通します。これは，気管（肺）に液体や固形物を侵入させないためのしくみです。食道に食べ物を送りこむ一連の動作を「嚥下^{えんげ}」といいます。

重力に関係なく，食べ物は消化管を進む

　食道は，練り歯みがきをチューブからしぼり出すように筋肉の管を収縮させて，水や食べ物を胃のほうへと進ませます。たとえ逆立ちしていても，無重力空間であっても，飲みこんだ飲食物は食道を進み，胃へと到達します。食道などの消化管が，筋肉を収縮させて内容物を移動させる動きを「蠕動^{ぜんどう}」とよびます。

食べ物が胃に入るまで

食道は，外径２センチメートル，長さ約25センチメートル，
壁の厚さ４ミリメートルほどの管です。食べ物が進む速さは，
１秒に４センチほど。飲みこんで６秒ほどで胃に入ります。

1. 軟口蓋が上がって鼻
への通路をふさぎ，
喉頭蓋が気管の入り
口をふさいで，食べ
物は食道へ。

舌骨上筋

気管

2. 食べ物のかたまりの
前方（胃側）がゆる
み，後方（口側）の筋
肉が締まることで胃
へと進んでいきます。

3. 食べ物が近づくと下
部食道括約筋がゆる
んで，胃の入り口（噴
門）が開いて流れこみ
ます。

軟口蓋

食べ物のかたまり

喉頭蓋

輪状咽頭筋

食道

食べ物のかたまり

下部食道括約筋

噴門

食べ物のかたまり

胃

21

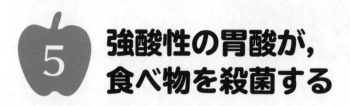

強酸性の胃酸が，
食べ物を殺菌する

体内の食べ物は腐らない

　体内の温度は37℃前後。室内だったら，食べ物が腐敗してしまいそうな温度です。しかし私たちの体内で，飲みこんだ食べ物が腐ることはありません。それは，胃の中で食べ物が殺菌されるからです。

　胃に送られた食べ物は，pH1～2という強い酸性の液体である「胃液」とまざることで殺菌されます。胃液が強い酸性なのは，塩酸を含むからです。胃液は胃の内側をおおう粘膜でつくられ，1日に1.5～2リットルほどが分泌されます。その多くは，食後の数時間に分泌されます。

伸縮する胃袋で食べ物と胃液をかきまぜる

　胃は，伸縮性のある筋肉の壁からできた袋です。空腹のときはしぼんで細長く，食べ物が入ってくるとのびて大きくなります。ふくらんだ胃の容量は，成人男性の場合1.4リットル程度，成人女性は1.3リットル程度といわれます。

　胃は筋肉の壁を動かし，食べ物と胃液をかきまぜます。胃の粘膜はひだ状になっているため，内容物をすりつぶす効果もあります。どろどろのかゆ状になった内容物は，蠕動で少しずつ小腸へと送り出されます。

胃の中でかゆ状になる

食べ物は，胃粘膜のひだですりつぶされ，胃液と混じりあって
ドロドロのかゆ状になります。胃に食べ物がとどまる時間は，
2 〜 4 時間ほどです。

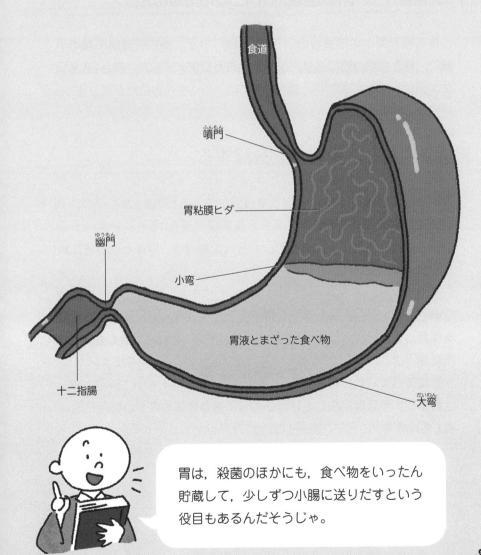

食道

噴門
ふんもん

胃粘膜ヒダ

幽門
ゆうもん

小弯

十二指腸

胃液とまざった食べ物

大弯
だいわん

胃は，殺菌のほかにも，食べ物をいったん
貯蔵して，少しずつ小腸に送りだすという
役目もあるんだそうじゃ。

6 膵臓は，なんでも分解する 消化器官のエース

十二指腸から本格的な消化と吸収が開始

　食べ物が胃の次に進むのは「十二指腸」です。十二指腸は小腸の一部で，胃と空腸の間にあり，外径4～6センチメートル，長さ25センチメートルほどの管です。壁の内側には，たくさんのひだがあります。

胃液を中和し，栄養素を分解する

　十二指腸には，「膵液」という消化液をつくる「膵臓」がくっついています。膵臓は，幅5センチメートル前後，長さ15センチメートル前後の細長い器官です。膵臓でつくられた膵液は，膵管という管に集められ，十二指腸内に放出されます。

　膵液の分泌量は，1日に1リットルほどです。弱いアルカリ性で（pH7.5～8），胃から食べ物といっしょに流れてくる強酸性の胃液を中和します。また，複数の消化酵素が含まれており，三大栄養素（炭水化物，タンパク質，脂質）をすべて分解することができます。

　肝臓でつくられ，胆嚢にたくわえられている胆汁も十二指腸に放出されます。胆汁は，水にとけない成分である脂質を細かい粒子に分ける（乳化する）ことで，脂質の消化酵素をはたらきやすくします。

十二指腸へ膵液が出る

イラストは，十二指腸の管の一部分を，見やすくひらいた状態でえがいたものです。十二指腸の管には，膵臓からの管を通して膵液が放出されます。膵液は小腸の粘膜がつくる酵素と反応して，はじめて分解能力をもちます。

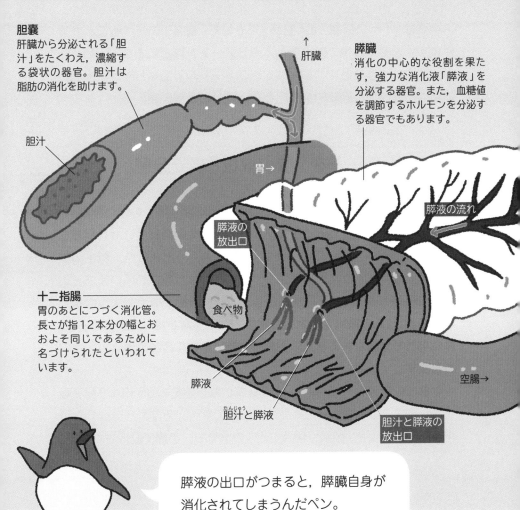

胆嚢
肝臓から分泌される「胆汁」をたくわえ，濃縮する袋状の器官。胆汁は脂肪の消化を助けます。

胆汁

↑
肝臓

胃→

膵臓
消化の中心的な役割を果たす，強力な消化液「膵液」を分泌する器官。また，血糖値を調節するホルモンを分泌する器官でもあります。

膵液の流れ

膵液の放出口

十二指腸
胃のあとにつづく消化管。長さが指12本分の幅とおおよそ同じであるために名づけられたといわれています。

食べ物

膵液

胆汁と膵液

胆汁と膵液の放出口

空腸→

膵液の出口がつまると，膵臓自身が消化されてしまうんだペン。

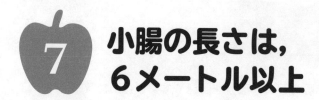

小腸の長さは，6メートル以上

小腸は栄養と水分を吸収する

　小腸は，「十二指腸」と「空腸（くうちょう）」，そして「回腸（かいちょう）」に分けることができます。人の体の中では小腸は2～3メートルほどにちぢんでいますが，筋肉がゆるむとその長さは6～7メートルにもなります。小腸の役割は，食べ物の最終的な消化と，栄養分の吸収です。

小腸の表面で栄養を“最小単位”まで分解

　外径4センチメートル程度の小腸の内部には，多くのひだがあり，粘膜の表面を拡大すると，1ミリメートル程度の突起がびっしりとしきつめられています。この小さな突起は「絨毛（じゅうもう）」とよばれ，絨毛の表面を拡大すると「吸収上皮細胞」という細胞におおわれています。実はその細胞の表面にも，「微絨毛（びじゅうもう）」とよばれる細かな毛のような構造があります。この微絨毛の表面の膜には消化酵素が組みこまれており，膵液などで分解されてきた栄養素が，最小単位にまで分解され，吸収されます。

　なお，栄養素だけでなく，体に吸収される水分の85％は小腸で吸収されます。飲食物からとった水分だけでなく，みずから分泌した消化液（だ液や胃液，膵液，胆汁など）の水分も，小腸で回収されます。

消化管の全長は約9メートル

腹部に収納されている消化管は体外に出してのばすと，全長は約9メートルになります。小腸の表面積はテニスのシングルコート1面分。これは表面積を大きくすることで，栄養吸収の効率を高めるためです。

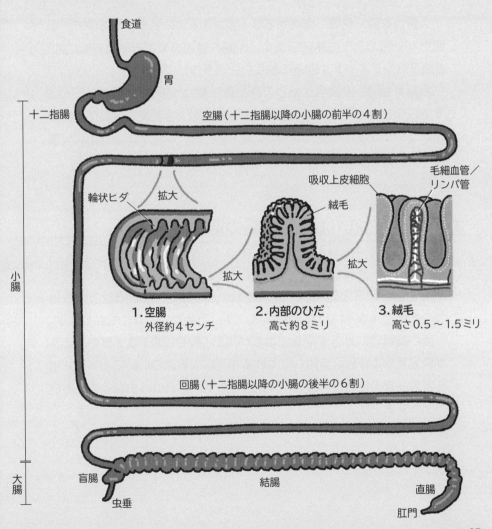

食道

胃

十二指腸

空腸（十二指腸以降の小腸の前半の4割）

輪状ヒダ　拡大

吸収上皮細胞

毛細血管／リンパ管

絨毛

拡大

拡大

小腸

1. 空腸
外径約4センチ

2. 内部のひだ
高さ約8ミリ

3. 絨毛
高さ0.5〜1.5ミリ

回腸（十二指腸以降の小腸の後半の6割）

大腸

盲腸

虫垂

結腸

直腸

肛門

27

8 大腸には，100兆もの細菌がすんでいる

大腸の役割は，水分を吸収すること

　大腸は盲腸，結腸，直腸からなる長さ1.6メートル程度の管で，小腸をとり囲むように存在します。大腸の最初の領域である盲腸には，長さ7センチメートル前後の細長い虫垂がついています。

　小腸を通過して大腸にやってきた食べ物は，栄養分の90％近くがすでに吸収されています。大腸の主な役割は，水分を吸収して固形の便をつくることと，腸内細菌の助けを借りて，小腸まででは消化・吸収できなかった成分を分解し，吸収することです。

おならのにおいは腸内細菌の活動成果

　大腸には，大腸菌や乳酸菌などの多くの細菌（腸内細菌）がすみついています。成人の場合，腸内細菌の種類は1000種類以上，数は100兆をこえるといわれ，重さにして約1.5キログラムにもなります。

　腸内細菌は，ヒトが消化できない成分（食物繊維）の一部を，ヒトが吸収できる成分に分解してくれます。腸内細菌の活動によって，硫化水素などのにおいのある気体が生じます。これは，おならのにおいの原因物質です。

固形の便にかわるようす

大腸にきた食べ物は水分を吸収され，液状から固形へと姿を変えます。それでも便の80％ほどは水分で，消化されなかった食べ物の残りかす（食物繊維）が占める割合は，便の7％です。

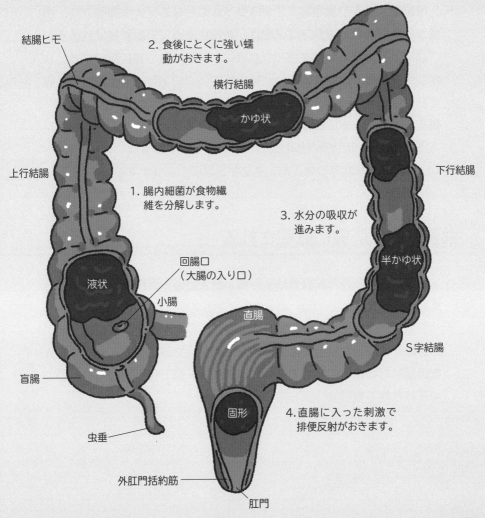

結腸ヒモ

2. 食後にとくに強い蠕動がおきます。

横行結腸

かゆ状

上行結腸

下行結腸

1. 腸内細菌が食物繊維を分解します。

3. 水分の吸収が進みます。

回腸口
（大腸の入り口）

液状

小腸

直腸

半かゆ状

S字結腸

盲腸

固形

4. 直腸に入った刺激で排便反射がおきます。

虫垂

外肛門括約筋

肛門

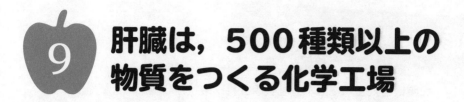

肝臓は，500種類以上の
物質をつくる化学工場

消化管と心臓から，大量の栄養分と血液が流れこむ

　肝臓(かんぞう)は，成人で重さ約1.2キログラムにもなる巨大な臓器です。**小腸から吸収された糖やアミノ酸は，血流に乗って肝臓に運ばれます。**

　通常，各器官に酸素を運んだ血液は，静脈から心臓に戻ります。しかし胃や小腸，大腸などの消化管を経由した血液は，消化管から吸収された栄養分を肝臓に運ぶために，「門脈(もんみゃく)」という血管を通って，肝臓を経由して心臓にもどるようになっています。

　肝臓には，この門脈からの血液と心臓からの血液が流れこんでおり，1分間の流入量はあわせて約1.4リットルにもなります。

栄養分は，肝臓に貯蔵される

　肝臓に集められた栄養分は，貯蔵しやすい形に変換されて肝臓にたくわえられます。

　肝臓は，タンパク質や脂肪から糖を合成したり，タンパク質や糖から脂肪を合成したりもでき，体中の細胞の注文に応じて，必要な成分を必要なだけ血液に乗せて送りだします。肝臓で化学反応によってつくりだされる物質は，500種類以上です。

肝臓に出入りする三つの血管

肝臓には,「肝静脈」「固有肝動脈」「門脈」の三つの血管が出入りしています。さらに, 総胆管も通っています。イラストは管の太い部分的だけをえがいています。

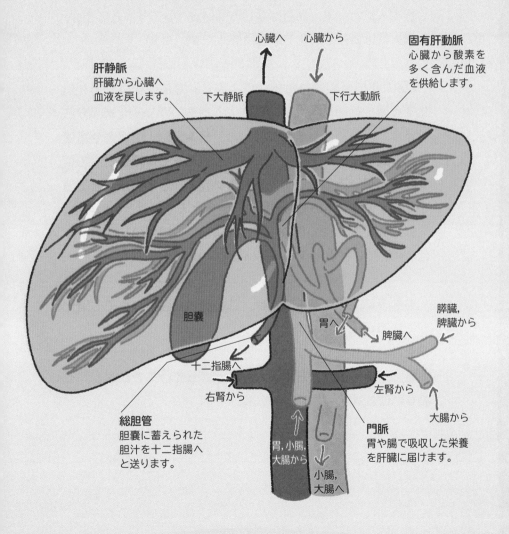

心臓へ　心臓から

固有肝動脈
心臓から酸素を
多く含んだ血液
を供給します。

肝静脈
肝臓から心臓へ
血液を戻します。

下大静脈　　下行大動脈

胆嚢

膵臓,
脾臓から

胃へ

脾臓へ

十二指腸へ

右腎から

左腎から

大腸から

総胆管
胆嚢に蓄えられた
胆汁を十二指腸へ
と送ります。

胃, 小腸,
大腸から

小腸,
大腸へ

門脈
胃や腸で吸収した栄養
を肝臓に届けます。

生海苔は消化できない！？

　日本人にとって，海苔はなじみ深い食べ物です。ところが，北米人には海苔が消化できないそうです。

　2010年に発表された論文によると，海苔の食物繊維を消化する腸内細菌が，一部の日本人からみつかり，北米人からはまったくみつかりませんでした。**日本人は，生海苔や海藻を長く食べつづけてきたため，分解酵素をもつ細菌が腸内にすみついているのだと推測されています。**日本人が海苔を消化できるのは，この細菌のはたらきによるものだといいます。同じ人間でも，食文化のちがいによって，腸内の細菌の種類は変化していくと考えられているのです。

　ちなみに，焼海苔であれば，この腸内細菌がなくても消化ができるのだそうです。なお，2010年の論文以降，同様の研究は発表されていません。**北米以外の諸外国に住む人にこの細菌があるのか，日本人の何割がもっているのかなど，く**わしいことはわかっていません。

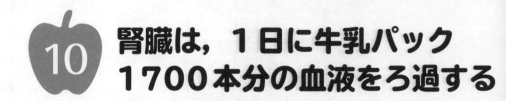

10 腎臓は，１日に牛乳パック 1700本分の血液をろ過する

体内の水分量と組成を調節し，一定に保つ役目

　腎臓は，にぎりこぶし大（高さ約10センチメートル）のソラマメの形をしていて，腰の上あたりの背中側に左右一つずつあります。

　体内にある水分の量と組成（ナトリウムの量やpHのバランスなど）を調節し，つねに一定に保つことが，腎臓に課せられた重要な役割です。そのために，腎臓には毎分およそ1.2リットルもの血液が心臓から流れこんできます。腎臓は，大量の血液をろ過して老廃物や余計な水分を集め，尿をつくるのです。

約200万個の「ろ過フィルター」

　腎臓の中で血液のろ過を行う，いわゆる「ろ過フィルター」の役目をになっているのは，「腎小体」とよばれる直径0.2ミリメートルほどの小さな組織です。左右の腎臓で，合計約200万個の腎小体があります。

　腎小体では，１日に約1700リットルもの血液がろ過されて，そのうち約170リットルが「原尿」という尿の原料になります。原尿から水分や各種成分を再吸収して，濃縮した尿がつくられます。最終的に尿として排出されるのは，ろ過した血液のわずか0.1%弱（1.5リットル）です。

大量の血液をろ過する腎臓

イラストは，背中側から見た腎臓です。左側の腎臓は外観を，右側の腎臓は断面をえがいています。心臓から送られてきた血液は腎臓の中を通り，腎小体でろ過され，尿管から膀胱へと向かいます。

背中側から見た腎臓

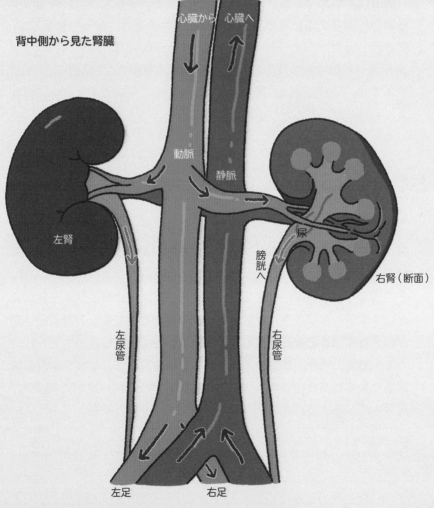

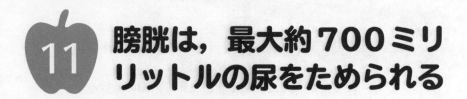

膀胱は，最大約700ミリ リットルの尿をためられる

腎臓でつくられた尿をためておく

膀胱は下腹部にある，のびちぢみする袋状の器官です。腎臓でつく られた尿はここにためられます。成人男性の場合，からの状態では， 高さ3〜4センチメートル程度，尿がいっぱいにたまると直径10セ ンチメートル程度の球形にふくらみます。容積は，約500ミリリッ トルです。一方女性は，膀胱のすぐ上の空間に子宮があるため，男性 よりも容積がひとまわり小さい400ミリリットル程度です。

膀胱の壁は5分の1にまで薄くなる

人は，一般に200〜300ミリリットルほど尿がたまると，尿意を 感じます。尿意を感じるセンサーは，膀胱の壁の筋肉にあります。膀 胱の壁の厚みは，からのときには10〜15ミリメートル程度です。 ところが尿がいっぱいに入ると，袋がのびてわずか3ミリメートルほ どにまで薄くなります。脳は膀胱の壁の厚みを感じて，どれくらい尿 がたまっているかを知ることができます。

成人男性の場合，限界までがまんすれば，700ミリリットル程度は 尿をためられるといいます。ただし膀胱の壁が過度にのびているため， 痛みを感じるようになるそうです。

貯水量センサーつきの貯蔵袋

膀胱に尿がたまってくると，袋がのびて膀胱の壁が薄くなります。膀胱の壁の筋肉は，尿がどのくらい溜まったかを知らせるセンサーの役割をします。

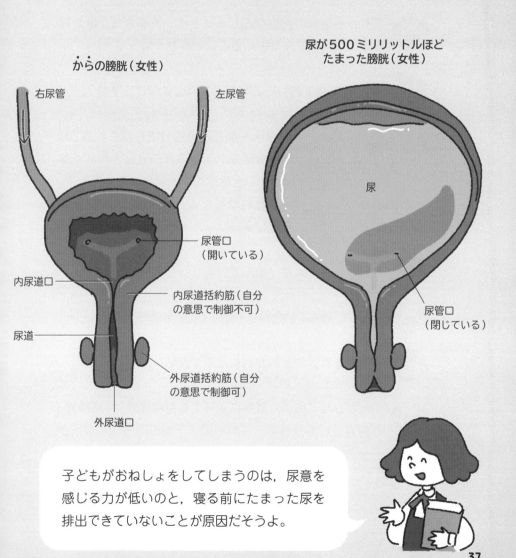

からの膀胱（女性）

右尿管　　　　　　左尿管

尿管口
（開いている）

内尿道口

内尿道括約筋（自分の意思で制御不可）

尿道

外尿道括約筋（自分の意思で制御可）

外尿道口

尿が500ミリリットルほどたまった膀胱（女性）

尿

尿管口
（閉じている）

子どもがおねしょをしてしまうのは，尿意を感じる力が低いのと，寝る前にたまった尿を排出できていないことが原因だそうよ。

37

緊張とおしっこの関係

 これから学会の発表なんじゃ。トイレをすませたばかりなのに，緊張でまたおしっこに行きたくなってきた。

 博士！　緊張でおしっこしたくなるのはなぜですか？

 緊張すると，脳の視床下部という部分で合成される「バソプレシン」という物質が，下垂体から分泌されなくなるんじゃ。バソプレシンとは尿の量を減らすホルモンで，バソプレシンが分泌されなくなると，尿がどんどん膀胱にたまってしまうんじゃ。

 さっきから水ばかり飲んでいるせいかと思いました。

 そんなに飲んでいたか？　緊張でのどがカラカラなんじゃ。

 緊張すると，のどもかわくんですか？

 のどがかわくのは，緊張によって自律神経の「交感神経」が刺激されるからで，これも視床下部の問題なんじゃが……。そろそろトイレに行ってもいいかね。

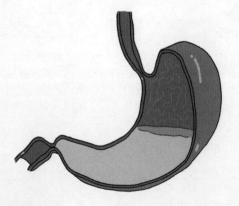

2. 全身に酸素を 届ける肺と心臓

肺は血液に酸素を補充し，心臓はその血液を全身へと送りだします。生命維持の最重要器官といっても過言ではない，肺と心臓の構造や役割にせまります。

1 肺は，４〜５リットルの空気をためこめる

肺は，風船のようにのびちぢみする

　肺は，空気の出入りによってのびちぢみする，風船のような器官です。両側の肺に入る空気の量（全肺気量）は，成人男性で４〜５リットルといわれます。最大限に空気を吸いこんで，吐きだしたときの空気の量（肺活量）は，３〜４リットルです。つまり空気をせいいっぱい吐きだしても，肺の中には１リットル程度の空気が残っていることになります。

呼吸のときの動き

息を吸うときは，肋骨を動かす筋肉がちぢんで肋骨が引き上げられ，胸（胸腔）が前上方に広がります。同時に肺の下にある横隔膜がちぢみ，横隔膜全体が低くなります。息を吐くときは，のびていた肺がちぢもうとする力によって，空気が肺から押しだされ，横隔膜も上がります。

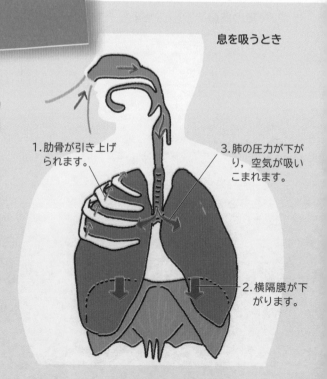

息を吸うとき

1.肋骨が引き上げられます。

3.肺の圧力が下がり，空気が吸いこまれます。

2.横隔膜が下がります。

安静時は腹式呼吸，運動時は胸式呼吸

　肺がおさまる胸の空間を，「胸腔」といいます。**人は息を吸うとき，胸腔を広げることで，肺の中に空気を吸いこみます。空気は気管を通って肺の中に流れこみ，肺が広がります。息を吐くときは，のびた肺がもとの大きさにちぢむことで，空気が肺から押しだされます。**

　胸腔の大きさをかえるときに活躍するのは，肋骨を動かす筋肉（肋間筋）と横隔膜です。横隔膜は，胸部と腹部をへだてているドーム状の筋肉の膜のことです。肋骨（胸）の上下動を使う呼吸を「胸式呼吸」，横隔膜の上下動を使う呼吸を「腹式呼吸」とよびます。安静時の呼吸では，腹式呼吸が中心です。一方，運動のときなどたくさんの空気が必要なときは，積極的に胸の上下動（胸式呼吸）を使うようになります。

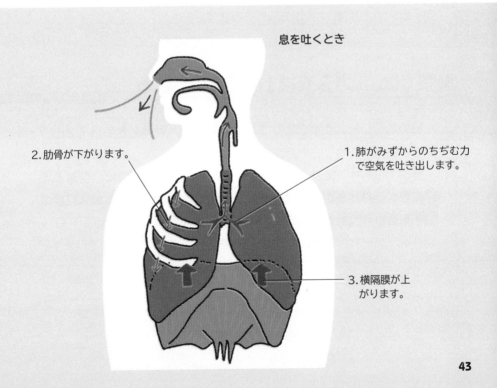

息を吐くとき

2.肋骨が下がります。

1.肺がみずからのちぢむ力で空気を吐き出します。

3.横隔膜が上がります。

43

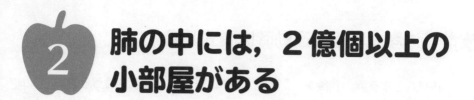

2 肺の中には，２億個以上の 小部屋がある

肺胞は，空気が入ると風船のようにふくらむ

　鼻や口から吸いこまれた空気は，「気管」を通って肺に入ります。気管は，管がつぶれて空気の通り道がせまくなってしまわないよう，周囲が軟骨で補強されています。

　気管は，肺に入る直前で二つに枝分かれします。肺に入ったあとも分岐をくりかえし，その枝は肺のすみずみまで広がります。**分岐した気管枝の末端には，ぶどうの房のような構造がついています。これは「肺胞」とよばれるものです。**肺胞は中が空洞になっており，空気が入ると風船のようにふくらみます。

肺胞では，「ガス交換」がおこなわれる

　肺の約85％は肺胞で埋めつくされていて，両肺を合わせて2〜7億個の肺胞があるとされます。

　肺胞では「ガス交換」がおこなわれます。**大量の肺胞は，空気と毛細血管がふれ合う表面積をふやして，酸素と二酸化炭素のガス交換の効率を高める効果があります。**肺胞の表面積は，両肺合わせて100〜140平方メートル（テニスコート約半面分）になるといわれています。

肺には肺胞がつまっている

肺の中は，枝分かれした気管支がすみずみまで広がっており，枝の末端には肺胞がついています。肺胞では，酸素と二酸化炭素のガス交換がおこなわれます。

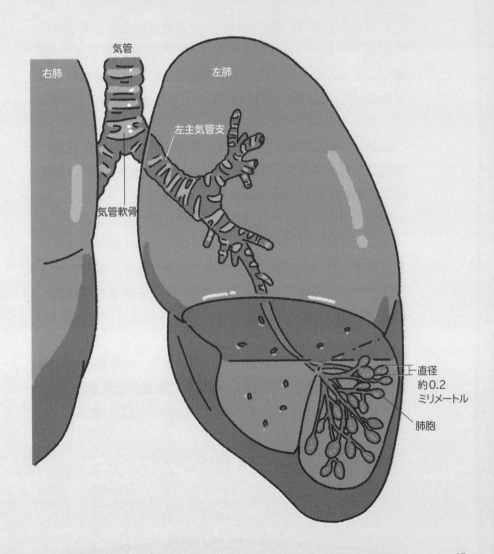

気管

右肺

左肺

左主気管支

気管軟骨

直径
約0.2
ミリメートル

肺胞

鼻はいつも片方つまっている？

　だれでも一度は，風邪をひいたり花粉症の症状があらわれたりして，鼻がつまったことがあるのではないでしょうか。鼻がつまるのは，鼻の奥にある粘膜にウイルスや花粉などの異物が付着し，粘膜がはれて空気の通りが悪くなるからです。

　しかし，なんでもないときでも鼻は片方ずつとじた状態になることがあります。これを「ネーザルサイクル（交代性鼻閉または鼻サイクル）」といいます。ネーザルサイクルとは，鼻の空気が通る場所を片方ずつ，周期的に開け閉めするサイクルのことです。このサイクルの長さは，人や年齢によってかわります。あまり意識することはありませんが，空気の通りやすさが左右の鼻でかわるのは，多くの人に普段からおきている現象なのです。

　鼻を交互に閉じる目的は，諸説あります。片方ずつ鼻の穴を休ませるためとか，においの原因物質に反応しやすいよう，片方ずつリセットしているためなどと考えられています。

3 心臓は，1分間に5リットルの血液を送りだす

心臓を出た血液は1分間で全身をひとめぐりする

　心臓は，体内に血液を循環させるポンプです。**心臓の厚い筋肉の壁が規則正しくちぢむことで，心臓は，一定のリズムで血液を次々と押しだしていきます。**

　安静時の心臓が送りだす血液は，1分間に約5リットルです。これは全身の血液量（約5リットル）に相当します。つまり，心臓から全身に向かった血液は，1分間でまた心臓にもどってくるのです。

心臓の中には2系統のポンプがある

　心臓の中は，四つの部屋に分かれています。**血液の流路は，右側の右心房と右心室を通る流路と，左側の左心房と左心室を通る流路に分かれています（右のイラスト）。心臓の中には2系統のポンプがあります。**

　右心房と右心室（右心系）は，全身をめぐって心臓にもどってきた血液を肺へと送りだすためのものです。一方，左心房と左心室（左心系）は，肺からもどってきた血液を全身へと送りだすためのものです。頭のてっぺんからつま先まで血液を届ける必要がある左心室は，より強い力で血液を送りださなければなりません。

心臓の血液の流れ

心臓の中の血液は，次の二つの流路を通ります。①全身からもどって
きた血液→右心房→右心室→肺，の経路（肺循環）。②肺からきた
血液→左心房→左心室→全身，の経路（体循環）です。

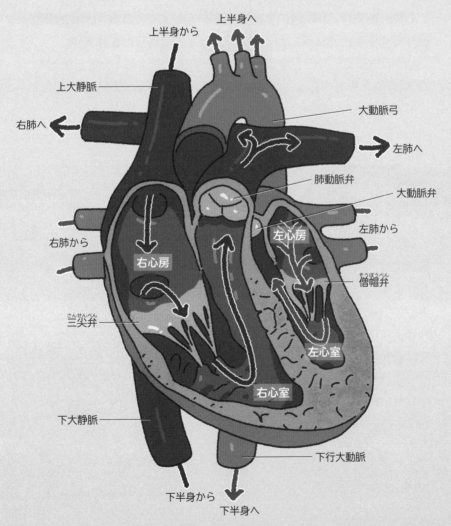

49

4 心臓の「ドクン」は，"扉"の開け閉めの音

心臓の拍動は5段階を規則正しくくりかえしている

　　心臓の拍動は，5段階に分けることができます。この5段階が規則正しくくりかえされることで，血液が安定的に送りだされます。

　1回の拍動で一つの心室から送りだされる血液の量（心拍出量）は，約70ミリリットルです。心臓は1分間に約60〜80回拍動（心拍数）しています。

1秒間の心臓の動き

　心臓は，1秒間に1回程度のリズムで拍動しています。イラストは，1回の鼓動を5段階に分けて矢印で示しています。矢印の下にあるグラフは，心音をあらわしたものです。

① 心房収縮期
心房の筋肉がちぢみ，心室へ血液を送りだします。

② 等容性収縮期
心室の壁の収縮がはじまり，心房出口の弁が閉じます。

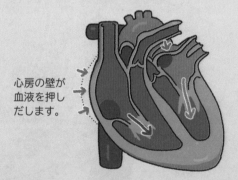

心房の壁が血液を押しだします。

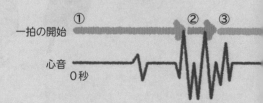

一拍の開始　　　　　　　　　　　　① 　　　　② ③

心音
0秒

弁に異常があると心音に雑音がまざる

　心臓には，血液の逆流を防ぐための「弁」がついています。拍動の際，心房や心室の弁が開いたり閉じたりします。**「ドクン」という心臓の鼓動の音（心音）は，弁が開閉するときに出る音です。**

　心音は，細かく分けると四つの音から構成されています。その中で音が大きいのは，下のイラストにある②の矢印あたりの音と，③と④の矢印の間の音です。聴診器でよく聞こえるのもこの二つの音です。②の矢印のあたりの音は心房の弁（房室弁）が閉じるときの音で，③と④の間の音は心室の弁（動脈弁）が閉じるときの音です。心臓の弁がうまく閉じなかったり，通り道がせまくなったりすると，血流が渦を巻いたり逆流したりして，心雑音がまざります。

③ 駆出期
心室の壁がちぢみ，血液を心臓の外へと送りだします。

④ 等容性弛緩期
心室の筋肉がゆるみはじめ，心室の出口の弁が閉まります。

⑤ 充満期
心房の出口の弁が開き，心室へと血液が少しずつ流入します。

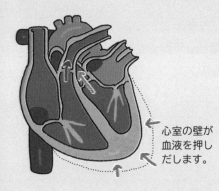

心室の壁が血液を押しだします。

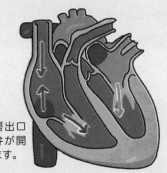

心房出口の弁が開きます。

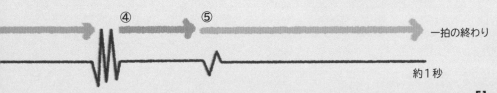

④　⑤　　　一拍の終わり

約1秒

5 運動をすると，筋肉を流れる血液量は30倍になる

はげしい運動をすると，血液の供給先も変化する

　体の状態によって，血液の供給量は大きく変化します。**はげしい運動をしたときには心拍数が上がり，1度の拍動で心臓から送りだす血液の量（心拍出量）も増加します。** その結果，1分間に心臓から送りだされる血液の量は，最大で35リットル（安静時の7倍）にもなります。

　はげしい運動を行うと，血液の供給先も変化します。とくに多くの酸素を必要とする筋肉に，血液がたくさん供給されるようになり，供給量は安静時の30倍にも達します。

筋肉が発達して拡大する「スポーツ心臓」

　スポーツ選手などは，日々トレーニングを積むことによって，運動時に多くの血液を送りだせるようになります。 1回の拍動で送りだせる血液の量がふえるため，安静時には一般の人たちよりもずっと少ない心拍数ですむようになります。トップアスリートには，心拍数が40にも満たない人たちがいます。

　そのような人たちの心臓は，筋肉が発達して拡大（肥大）しています。このような心臓を「スポーツ心臓」とよびます。

血液はどこに送られる？

心臓から送りだされる血液が，各器官にどのくらい配分されているかを示した図です。肝臓にいく血液のうち，約20％は消化管から門脈を通して送られており，動脈から配分されるのは約8％です。

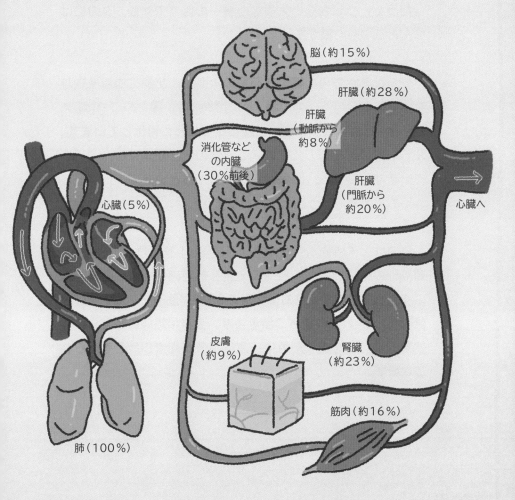

脳（約15％）

肝臓（約28％）

肝臓（動脈から約8％）

消化管などの内臓（30％前後）

心臓（5％）

肝臓（門脈から約20％）

心臓へ

皮膚（約9％）

腎臓（約23％）

筋肉（約16％）

肺（100％）

タコは，心臓を三つもっている！

たった一つしかない大事な心臓…のはずですが，タコにはなんと三つも心臓があります！

一つは私たちの心臓の左心系のように，全身に血液を送りだすためのもので，「体心臓」とよばれます。あとの二つは「えら心臓」とよばれ，えらに血液を送ることに特化しています。えら心臓は，左右のえらに入る血管の一部がふくらんでできています。しかし，心臓が三つあるからといって、一つ止まっても不死身ということではありません。

タコは，イカやオウムガイなどと同じ「頭足類」です。頭足類は他の軟体動物とくらべて発達した筋肉をもち，運動能力にすぐれています。タコは全身の90％が筋肉で，海中を時速15キロメートルの速さで歩きます。全身の筋肉にもえらにも効果的に血液を送るために，えら心臓が発達したと考えられています。

杉田玄白の志

1733年
江戸の小浜藩下屋敷
に生まれる

生まれてすぐ
母親が死んだ

9歳のとき
優しかった兄が
死んだ

11歳のとき
育ててくれた
義母も死んだ

藩医の父は
藩主に尽くすことが
いちばん大事な仕事

父は
ヤブ医者
だ!!

家族の病気も治せない
父のようには
なりたくないと思った

古い中国の
医学書を
読むだけでは
足りない

江戸中の人を
治せるように
なりたい

江戸中の人を診て
治せるように
なりたいと
思っていた……

勉強だけじゃダメ

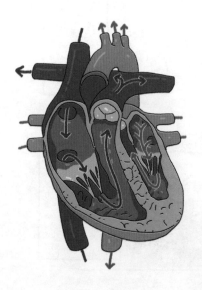

3. 体を形づくる
　　皮膚・骨・筋肉

私たちの体は，骨格で形づくられています。けれど，骨は単に体を支えているだけではありません。血液をつくるなどの大事なはたらきもしているのです。第3章では，体を形づくる骨や皮膚，筋肉などの，すぐれた機能や構造をみていきましょう。

1 皮膚は, 機能のちがう 三つの層でできている

表皮と真皮の境目で, 細胞がたえず増殖している

ヒトの皮膚の表面は, 約1.6平方メートルと, 畳1畳よりやや広い面積です。**皮膚は上から順に,「表皮」「真皮」「皮下組織」の3層になっています。**

いちばん上の「表皮」では,「真皮」との境目で細胞がたえず増殖しています。細胞は上にあがってくると平たくなって,「ケラチン」と

へこみ, 痛み, 温度などを感知

マイスナー小体やメルケル盤, パチニ小体, ルフィニ小体などは, 皮膚のへこみなどを感知します。エクリン汗腺は, 汗をだします。アポクリン汗腺は, わき特有の匂いを生みます。薄い皮膚の中には, さまざまな器官が存在します。

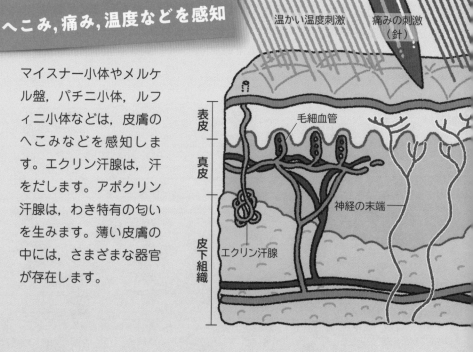

温かい温度刺激　痛みの刺激（針）

表皮

真皮

皮下組織

毛細血管

神経の末端

エクリン汗腺

いう線維状のタンパク質で満たされ，核がなくなってしまいます。表皮の下の「真皮」には，強度をあたえるかたい線維と，弾力をもつ線維が網の目のように走っています。表皮と真皮には，へこみなどを感じる「触圧覚」，温度を感じる「温度覚」，痛みを感じる「痛覚」など，外界の情報を受け取る「感覚受容器」があります。

皮膚の最下層にはクッションが広がる

真皮を骨や筋肉につなげる層が「皮下組織」です。ここには，たくさんの脂肪がたくわえられていて，クッションのように，外界から受ける衝撃をやわらげるはたらきがあります。 これらの脂肪はエネルギーを生みだす燃料にもなります。

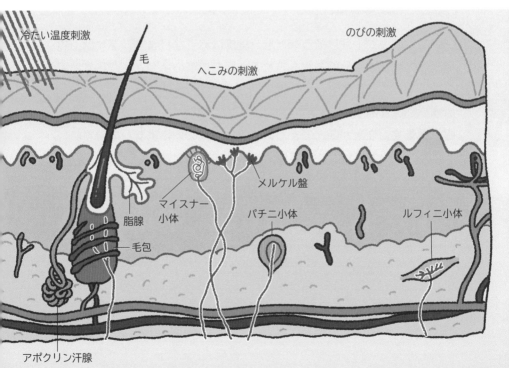

冷たい温度刺激

毛

へこみの刺激

のびの刺激

メルケル盤

マイスナー小体

脂腺

パチニ小体

ルフィニ小体

毛包

アポクリン汗腺

2 暑いときに皮膚が赤くなるのは，体温調節のため

外界の温度に左右されることなく，体温を一定に保つ

　皮膚は，気温の情報を受け取ると，その情報を脳へと伝えます。体温が上がりそうになったら皮膚が熱を逃す，逆に体温が下がりそうなときは，皮膚が体の熱を逃がさないようにし，常に体温を一定に保とうとします。

顔色は，皮膚の毛細血管がつくっている

　暑くて体温が上がりそうなとき，皮膚は赤くなります。これは，皮膚表層の毛細血管や細静脈を流れる大量の血液の色が，外からすけて見えるからです。ヒトの体は，体温が上がりそうなときは皮膚に血液を送る動脈を拡張させ，皮膚表層の血管を流れる血液の量を大幅に増幅させます。血液が運んできた体の熱を，体の外に逃すためです。
　反対に寒いときは，皮膚表層の血管を流れる血液の量を減らすことで，熱を逃がさないようにします。また，立毛筋を収縮させ，立毛筋にくっついている毛を垂直に立てます。このとき，毛の周囲の表皮も引っ張られて皮膚が盛り上がります。これが「鳥肌」です。動物の場合は，垂直に立つ毛が空気の層をつくり，熱を逃がさないようにするといわれています。

暑いとき，寒いときの皮膚

上のイラストは暑いとき，下は寒いときの皮膚の断面図です。
暑いときは，汗腺から汗が出ます。一方寒いときは，毛立筋が
収縮して，体毛が直立します。

暑いとき
赤く見える皮膚

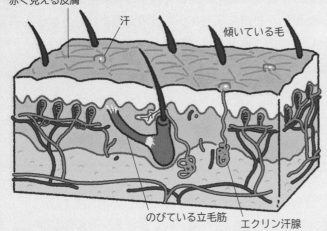

汗

傾いている毛

のびている立毛筋　　エクリン汗腺

皮膚表層の血液や汗を使って，体の熱を逃がします
皮膚表層の血管を流れる血液の量が多くなり，熱が逃げます。また，エクリン汗腺から出た汗も，蒸発するときに体から熱（気化熱）を奪っていきます。

寒いとき
青白く見える皮膚

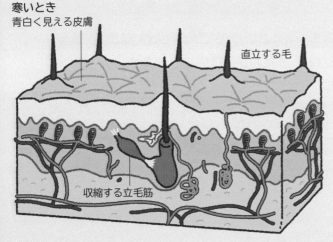

直立する毛

収縮する立毛筋

皮膚表層の血液量が減ります
皮膚表層の血管を流れる血液の量が減って，熱をできるだけ逃がさないようにします。また，真皮の立毛筋が収縮することで，立毛筋にくっついている毛が引っ張られて垂直に立ちます。

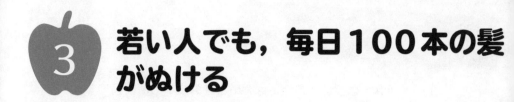

3 若い人でも，毎日100本の髪がぬける

「毛母基」で毛になる細胞が増殖している

　毛の細胞やつめの細胞は，表皮の細胞と同じく，ケラチンで満たされた死んだ細胞です。ただし，表皮のケラチンとは成分が少しことなり，かたいのです。毛は，皮膚の表面下では，表皮が落ちこんだ「毛包」に包まれています。**そして，毛の下端にある「毛母基」という場所で，毛や毛包になる細胞が増殖しています。**

若い人でも，毎日100本もの髪の毛が抜けている

　毛は毛母基で細胞が分裂をくりかえします。毛がのびる時期を「成長期」といいます。髪の毛は1か月あたり10〜20ミリメートルのびます。

　髪の毛1本の寿命は3〜6年といわれ，このうち成長期が2〜6年，退行・休止期が数か月と，成長期が圧倒的に長いです。成人では約10万本の髪の毛が生えており，このうち90％が成長期で，1日あたりに抜ける髪の毛は100本程度です。しかし，年をとるにつれて成長期は短くなり，太く長く育つ毛の数が減っていきます。こうして，髪は年齢とともに全体的に薄くなるのです。つまり，髪の薄さは，必ずしも髪の毛の本数の少なさをあらわしているわけではないのです。

つめと毛の構造

上のイラストは，指先の断面です。つめの細胞は，つめの根元にある爪母基というところでつくられます。下のイラストは，毛の断面です。毛の細胞は，毛の根元にある毛母基でつくられます。

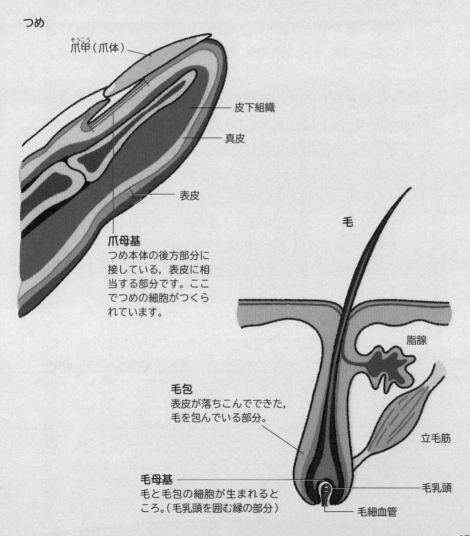

つめ

爪甲（爪体）
（そうこう）

皮下組織

真皮

表皮

爪母基
つめ本体の後方部分に接している，表皮に相当する部分です。ここでつめの細胞がつくられています。

毛

脂腺

毛包
表皮が落ちこんでできた，毛を包んでいる部分。

立毛筋

毛母基
毛と毛包の細胞が生まれるところ。（毛乳頭を囲む縁の部分）

毛乳頭

毛細血管

世界一毛深い動物は，ラッコ

ラッコは，一生のほとんどを寒い海の上ですごすにもかかわらず，皮下脂肪がほとんどなく，冷たい水が苦手です。場合によっては，低体温で死んでしまうこともあるといいます。

そんなラッコは皮下脂肪のかわりに，1平方センチメートルあたりにおよそ10万本（人間の頭髪の量と同じくらい）の毛が生えた，高密度の毛皮をまとって寒さに耐えています。ラッコの皮膚にある一つの毛穴からは，1本の長くて太い「ガードヘアー」と，60～80本ほどの短くて細い「アンダーファー」が束になって生えています。水の中では，長いガードヘアーが倒れて蓋の役目をし，皮膚の間に空気の層ができるため，冷たい水が皮膚に直接ふれることはありません。

体毛が水を弾く状態を保つために，グルーミング（毛づくろい）は欠かすことができません。ラッコは，全身の毛の総量が10億本近くもあるといわれる，地球上で最も毛深い動物なのです。

4 骨は，1年間に約5分の1が入れかわる

人体には約200個の骨がある

　私たちの体には約200個の骨があります。骨は体を支え，脳や内臓などを保護します。また，一部の骨の内部では，血液細胞もつくられています。

　骨本体は，コラーゲン線維の間に，カルシウムとリン酸でできた物質である「ヒドロキシアパタイト」が沈着してできています。この成分は，「骨芽細胞」という，骨をつくる役割をもつ細胞から分泌されます。

1年間に骨の約5分の1が入れかわっている

　体内のカルシウムの99％は，骨に貯蔵されています。筋肉の収縮や情報の伝達などに必要な血液中のカルシウムが不足すると，血液中で「破骨細胞」がふえます。破骨細胞は骨を酸や酵素でとかし，とけだしたカルシウムとリン酸を取りこみます。これらが近くの毛細血管に運ばれると，血液中のカルシウム濃度が上昇します。

　逆に，血液中のカルシウム濃度が正常範囲をこえると，「甲状腺」から破骨細胞の機能をおさえる物質が分泌されます。そして骨芽細胞によって，骨は元どおりに修復されます。私たちの体では骨の形成と吸収がつねにくりかえされており，若い人では1年に全身の骨の約5分の1が入れかわるといいます。

軽くてじょうぶな骨の構造

骨の外側には，かたい組織「緻密質」が，内側にはすかすかの
組織「海綿質」があります。二つの組織をあわせもつことで，
骨は軽量でありながら強度を保つことができます。

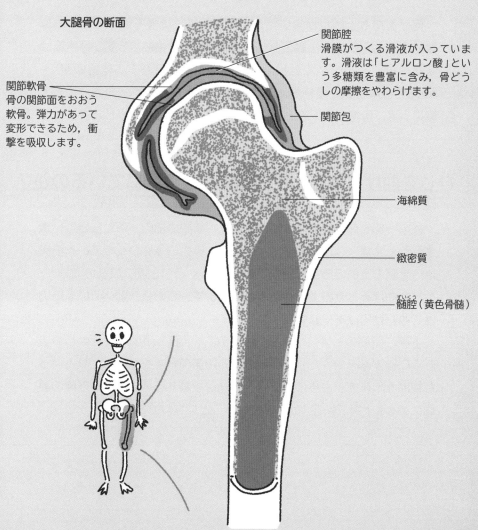

大腿骨の断面

関節腔
滑膜がつくる滑液が入っています。滑液は「ヒアルロン酸」という多糖類を豊富に含み，骨どうしの摩擦をやわらげます。

関節軟骨
骨の関節面をおおう軟骨。弾力があって変形できるため，衝撃を吸収します。

関節包

海綿質

緻密質

髄腔（黄色骨髄）

5 腕を動かすときにはたらく筋肉を見てみよう！

骨を動かしているのは「骨格筋」

　何かを持ち上げたり歩いたり，動くときには骨を動かさなければなりません。この骨を動かしているのが，「骨格筋」です。骨格筋は全身の骨にくっついており，その数は400個ほどで，体重の40〜50％を占めます。骨格筋は二つの骨にまたがってくっつき，関節を軸にして，骨格を上下左右に動かしたり，回転させたりします。

ひじを曲げるとき，どの筋肉がどう動いているのか？

　体の一部を動かす単純な動きでさえ，複数の筋肉がはたらいています。たとえば，ひじを曲げたときにできる力こぶをつくっている筋肉は，上腕の表側にある「上腕二頭筋」です。この上腕二頭筋の収縮が，ひじを曲げるときの主な原動力となります。しかし，動いている筋肉はこれだけではありません。

　上腕二頭筋のそばにある「上腕筋」は，上腕二頭筋が動きはじめるときにはずみをつけたり，必要のない関節の動きをおさえたりといった補助をします。さらに，上腕二頭筋は収縮するので，この筋肉の裏側にある「上腕三頭筋」はのばされることになります。

腕にはどんな筋肉がある？

上腕（ひじより上の腕）の筋肉と，前腕（ひじより下の腕）の筋肉
の構成は大きくことなります。なお，前腕には前腕の回転以外に，
手首や指の関節を動かす筋肉も存在します。

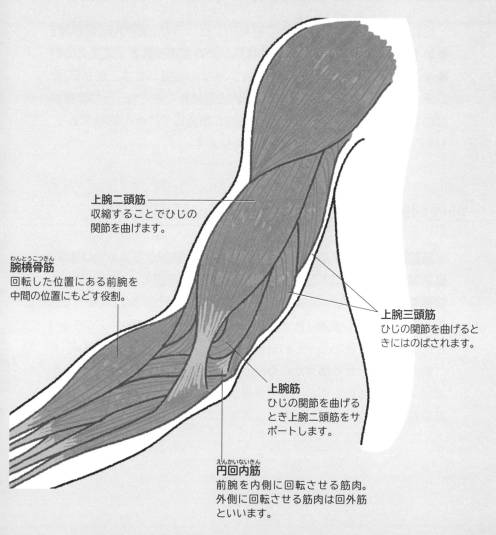

上腕二頭筋
収縮することでひじの
関節を曲げます。

腕橈骨筋（わんとうこつきん）
回転した位置にある前腕を
中間の位置にもどす役割。

上腕三頭筋
ひじの関節を曲げると
きにはのばされます。

上腕筋
ひじの関節を曲げる
とき上腕二頭筋をサ
ポートします。

円回内筋（えんかいないきん）
前腕を内側に回転させる筋肉。
外側に回転させる筋肉は回外筋
といいます。

71

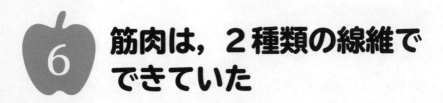

6 筋肉は，2種類の線維で できていた

筋肉は，筋線維という細長い線維でできている

筋肉は，どのようなしくみで縮むのでしょうか。**筋肉は「筋線維」という細長い線維が束（筋束）になり，それが寄り集まってできています。**筋線維の1本1本は，細胞一つ一つに相当します。長さ50センチメートルほどもある太ももの筋肉の筋線維でさえも，一つの細胞なのです。ただし筋線維は複数の細胞が融合してできた細胞であり，1本の筋線維にたくさんの細胞核があります。

筋原線維がスライドすることで，筋肉は縮む

筋線維の中にはさらに，「筋原線維」という線維がつまっています。筋原線維は，太さのことなる2種類の線維が規則正しく交互に並んだ構造をしています。太い線維は「ミオシン」というタンパク質でできており，「ミオシン線維」とよばれます。一方，細い線維は「アクチン」というタンパク質でできており，「アクチン線維」とよばれます。

筋肉を収縮させる信号がくると，ミオシン線維がアクチン線維をたぐりよせるようにして，二つの線維がスライドします。その結果，筋原線維全体が短くなり，筋肉が収縮するのです。

筋肉の構造

筋肉は，筋束という筋線維がより集まったものでできています。
筋線維はさらに筋原線維がより集まってできており，筋原線維
はミオシン線維とアクチン線維でできています。

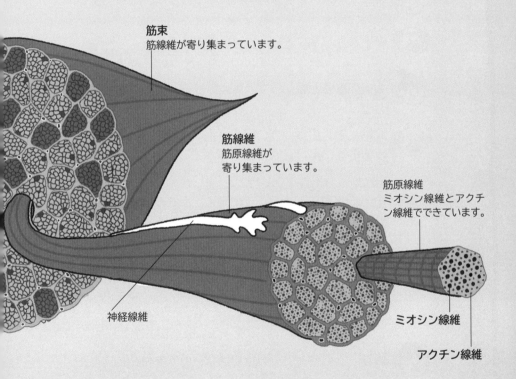

筋束
筋線維が寄り集まっています。

筋線維
筋原線維が
寄り集まっています。

筋原線維
ミオシン線維とアクチ
ン線維でできています。

神経線維

ミオシン線維

アクチン線維

「筋肉がきたえられる」とは，つまり筋線維が
太くなるということなんじゃ。

博士！
教えて!!

赤ちゃんは骨が多い？

 博士！　大人と子供の骨の数はちがうって本当ですか？

 そうなんじゃ。どっちが多いと思うかね？

 大人になると親知らずが生えるから，大人の方が多い？

 実は，大人のほうが，赤ちゃんにくらべると骨が約100本も少ないんじゃ！

 約100本!?　じゃあ，赤ちゃんの体の骨は全部で何本なんですか？

 生まれたばかりの赤ちゃんの骨は，約350個あるといわれる。成長の過程で骨と骨がくっついて，ほとんどの成人の骨は206個ほどになるのじゃ。

 絶対に206個というわけではないのですね。

 個人差がある。何個でもいいから，カルシウムをしっかりとって，強い骨を育てたいものじゃ。

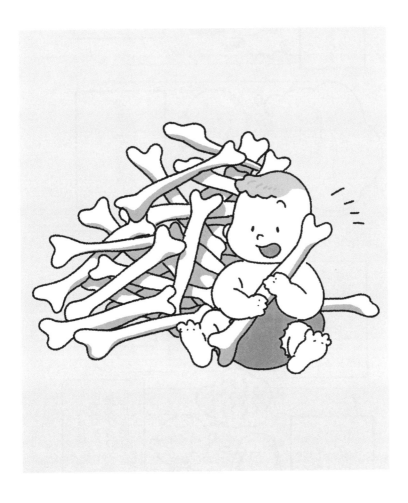

玄白，解剖への憧れ

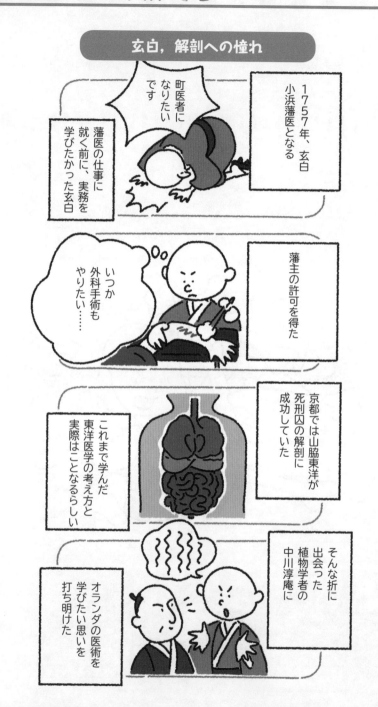

オランダ語の壁

死刑囚の解剖を見たいと願う毎日

実際の内臓を見たい！

オランダの先進的な医術に衝撃を受け

オランダ語を学びたいと考える

蘭学者の青木昆陽の弟子で藩医の前野良沢と出会う

まずはオランダ語を徹底して学ぶつもりだ！

前野良沢はかわった男だった

オランダ語の文法を学ぶ日本人など誰もいない時代に

きっと理解できます！

人の言葉なのだ。

前野良沢は一年間長崎に滞在してオランダ語を勉強した

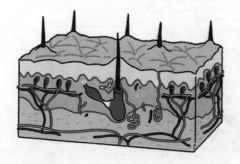

4. 思考と感覚を司る脳と感覚器

考えごとをしたり，外の世界から入って来る情報を処理したりするのは，脳です。一方，匂いを感知したり音を聞いたりするのは，鼻や耳などの感覚器です。第4章では，脳と感覚器の構造やしくみについてみていきます。

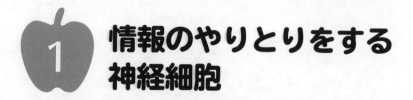

1 情報のやりとりをする神経細胞

神経細胞は情報を伝える役目をしている

体の中で，ほかの細胞から受け取った情報を別の細胞へと伝える連絡役をになっているのは，「神経細胞」です。

神経には，脳と脊髄の「中枢神経」と，中枢神経と体の各部分を連絡する「末梢神経」があります。

末梢神経には，筋肉につながる運動神経，内臓につながる自律神経，感覚器官につながる知覚神経などがあります。中枢，末梢のどちらの神経も，神経細胞とそれを支える支持細胞で構成されています。

神経細胞は，2種類の突起がのびた形をしている

神経細胞は核のある細胞体から，樹状突起と軸索（神経細胞）という2種類の突起がのびた形をしています（右のイラスト）。樹状突起はほかの細胞からの刺激（情報）を受けとる突起で，軸索はほかの細胞に刺激を伝えます。軸索とほかの細胞との間は，刺激の伝達を行う「シナプス」とよばれる特殊な構造になっています。シナプスは神経細胞のつなぎ目です。シナプスには，ほんのわずかなすき間があいていています。神経細胞はシナプスのすき間に神経伝達物質を放出して，情報を伝えあっています。

神経細胞

イラストは，神経細胞どうしがシナプスでつながっているところをえがいています。ほかの神経から情報を受けとる突起は「樹状突起」，情報を送信する突起は「軸索」といいます。

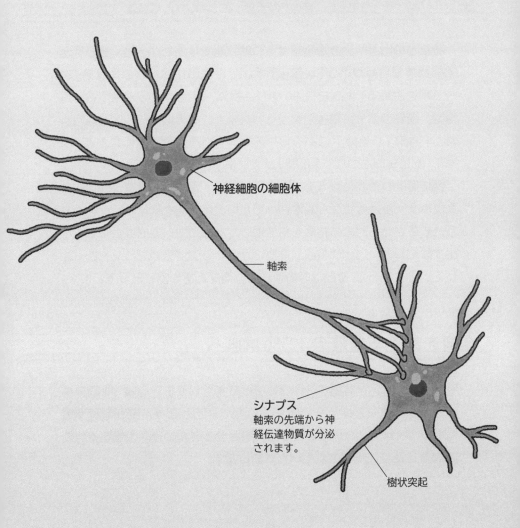

神経細胞の細胞体

軸索

シナプス
軸索の先端から神経伝達物質が分泌されます。

樹状突起

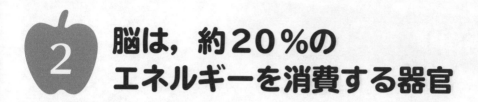

2 脳は，約20％の エネルギーを消費する器官

生命の維持や運動，精神活動をつかさどる

　私たちの思考や動きを制御するのは，脳です。このうち，ヒトでとくに発達が目だつのが「大脳」です。その表層には，脳の全重量の4〜5割を占める「大脳皮質」があり，視覚，聴覚などの感覚情報の処理や，運動の指令，精神活動が行われます。そのほかに，大脳に包まれた「間脳」やその下にある「中脳」と「橋」，その背中側にある「小脳」，脳と脊髄をつなぐ「延髄」があります。

　脳にはそれぞれになっている役割があり，たとえば小脳が損傷すると，うまく歩けなくなります。小脳が両足の筋肉をタイミングよく交互に収縮させるための指令を出す中心だからです。間脳はホルモンを出すなどして，消化や吸収，排泄にかかわる臓器全体をコントロールしています。一方，延髄は呼吸や血液循環などをつかさどっています。

全身をめぐる血液の15％は脳へ

　脳の重量は，全体重の2〜3％ほどです。しかし，心臓が1回の拍動で送りだす血液のうち，約15％は脳へ送られます。脳が消費するエネルギーは多く，体のエネルギー源となるグルコースの供給量の約20％を，脳が使っているといわれています。

脳の構造

下のイラストは，成人の脳を構成する主要なパーツです。右大脳半球（いわゆる右脳）を，左の耳側から見たところです。

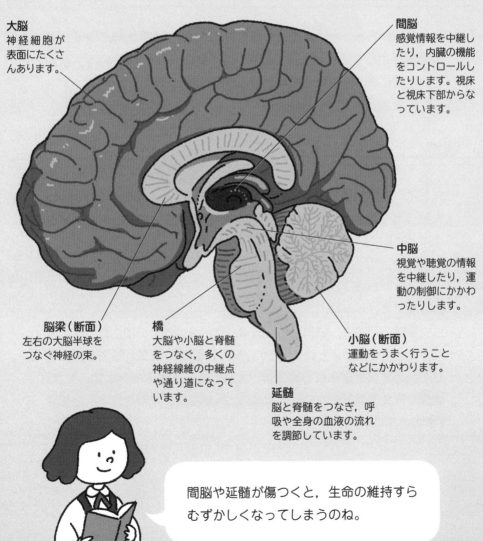

大脳
神経細胞が表面にたくさんあります。

間脳
感覚情報を中継したり，内臓の機能をコントロールしたりします。視床と視床下部からなっています。

中脳
視覚や聴覚の情報を中継したり，運動の制御にかかわったりします。

脳梁（断面）
左右の大脳半球をつなぐ神経の束。

橋
大脳や小脳と脊髄をつなぐ，多くの神経線維の中継点や通り道になっています。

小脳（断面）
運動をうまく行うことなどにかかわります。

延髄
脳と脊髄をつなぎ，呼吸や全身の血液の流れを調節しています。

間脳や延髄が傷つくと，生命の維持すらむずかしくなってしまうのね。

3 大脳は，領域ごとに専門分野をもっている

大脳の表面はしわだらけ

　大脳を見ると，その表面はしわだらけです。**このしわは，さまざまな機能をになうように大きく発達した1枚のシート（皮質）を，頭骸骨の内側にある限られた空間におしこめた結果です。**

領域ごとに役割のことなる大脳皮質

　ドイツの解剖学者コルビニアン・ブロードマン（1868〜1918）は，大脳皮質を観察し，厚みのちがいなどにもとづいて，ヒトの大脳を43の領野に区分した地図を1909年に発表しました。これは「ブロードマンの地図」とよばれ，今でも脳の各部位を指し示すために使われています。右のイラストの白い点線が，ブロードマンの地図の領野の境界線です。

　大脳は，前頭葉，頭頂葉，後頭葉，側頭葉の四つの部位に大きく分けられます（イラストの塗り分け部分）。**触覚，視覚，聴覚など、それぞれの情報が送られる領域は，大脳の表側にみえています。一方，嗅覚と味覚の情報が送られる領域は，大脳皮質がおりたたまれた部分（溝の奥）にあります。**

脳の領域とはたらき

イラストは，左大脳半球（左脳）の表面を，左の耳側から見たところです。前頭葉，頭頂葉，後頭葉，側頭葉を色分けしています。白い点線は，ブロードマンの地図の領野の境界線です。

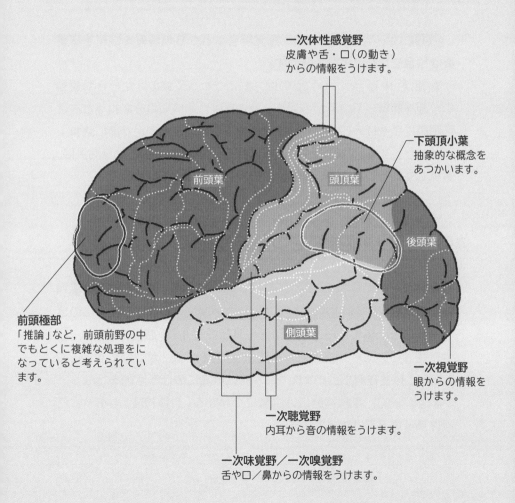

一次体性感覚野
皮膚や舌・口（の動き）からの情報をうけます。

下頭頂小葉
抽象的な概念をあつかいます。

頭頂葉

前頭葉

後頭葉

側頭葉

前頭極部
「推論」など，前頭前野の中でもとくに複雑な処理をになっていると考えられています。

一次視覚野
眼からの情報をうけます。

一次聴覚野
内耳から音の情報をうけます。

一次味覚野／一次嗅覚野
舌や口／鼻からの情報をうけます。

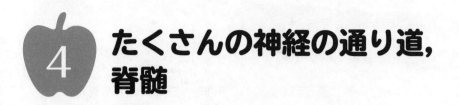

4 たくさんの神経の通り道, 脊髄

脊髄は脳にかわって体の制御も行う

　「脊髄」は，脳とならんで，感覚器官などからの情報を処理する重要な役目をになう中枢神経です。

　脊髄が「中枢」といわれるのは，脳にかわって体のはたらきや運動の一部を制御しているからです。私たちは，熱いものをさわったときに瞬時に手をひっこめたり，膝頭の真下を叩いたとき足が前に跳ね上がったりします。この「反射」とよばれるしくみは，大脳とは無関係に，意識せずに行われます。脊髄はこの反射をになっているのです。

体の各部と中枢神経をつなぐ連絡網「末梢神経」

　脊髄などの中枢神経からのびる「末梢神経」は，体の各部と中枢神経との間をつなぐ連絡網の役目をもっています。脊髄から左右にのびる神経には，体の各部からの情報を脊髄に伝える「感覚神経」と，脳や脊髄からの命令を体の筋肉に伝える「運動神経」があります。この二つは「体性神経」とよばれ，基本的に意識にのぼる活動を行なっています。一方，末梢神経には内臓につながる「自律神経」もあり，これは無意識下ではたらきます。

背骨を通る脊髄神経

イラストは，脳からつながる脊髄の構造と，脊髄の一部を拡大してえがいたものです。脊髄の左右には，31対の脊髄神経がのびています。

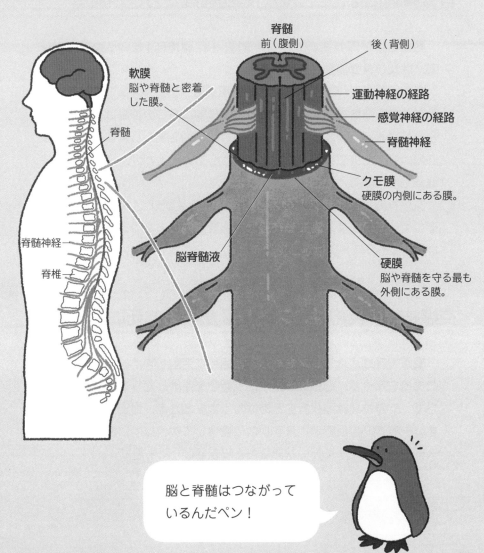

脊髄
前（腹側）
後（背側）

軟膜
脳や脊髄と密着
した膜。

運動神経の経路

感覚神経の経路

脊髄神経

クモ膜
硬膜の内側にある膜。

硬膜
脳や脊髄を守る最も
外側にある膜。

脳脊髄液

脊髄

脊髄神経

脊椎

脳と脊髄はつながって
いるんだペン！

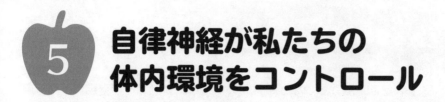

自律神経が私たちの 体内環境をコントロール

自律神経には，二つの対照的なはたらきがある

　　私たちの体内のさまざまな器官は，「自律神経」という神経によって，はたらきが調整されています。

　　自律神経は，「交感神経」と「副交感神経」という，二つの対照的なはたらきをもつ神経からなりたっています。二つの神経は，多くの場合同じ臓器につながっており，正反対の役割を果たします。たとえば心臓の場合，交感神経が活性化すると心拍数は上がり，逆に副交感神経が活性化すると心拍数は下がります。

　　交感神経は，イラストのように脊髄につながり，「交感神経幹」を形づくっています。副交感神経は，脳や脊髄の末端のあたりから出ています（イラストには示していません）。

交感神経の反応は，ストレスが去ると元にもどる

　　交感神経は，ストレスを感じると活発に活動します。全身の筋肉への血流をふやし，心拍数を上げたり呼吸をふやしたりします。その一方で，交感神経は消化管などのはたらきをおさえ，血流量を減らします。交感神経の反応は，ストレスに遭遇して数秒以内におき，ストレスが去るとすばやく元の状態にもどります。

自律神経を介したストレス反応

ストレスを受けると，交感神経系の神経細胞が活性化します。すると神経の末端から「ノルアドレナリン」，副腎髄質^{ふくじんずいしつ}から「アドレナリン」という物質が放出されます。これらの物質がさまざまな臓器に影響を与えます。

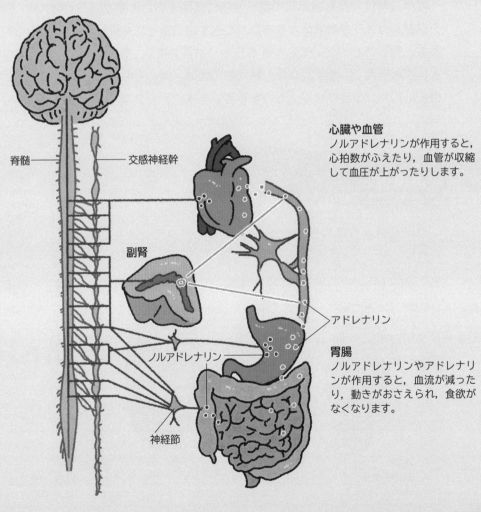

脊髄

交感神経幹

心臓や血管
ノルアドレナリンが作用すると，心拍数がふえたり，血管が収縮して血圧が上がったりします。

副腎

アドレナリン

ノルアドレナリン

胃腸
ノルアドレナリンやアドレナリンが作用すると，血流が減ったり，動きがおさえられ，食欲がなくなります。

神経節

6 眼には，1億画素もの センサーがそなわっている

眼は，被写体を点の集まりとしてとらえる

眼の役割は，光を感知して電気信号に変換することです。これは，デジタルカメラが被写体から放たれた光を電気信号に交換して記録するのと同じことです。そしてどちらも，被写体を点（画素）の集まりとしてとらえています。また，私たちの眼は，遠いものや近いものに自在にピントを合わせて，ものを見ています。デジタルカメラが，自

眼球の構造

イラストは，眼球の各部位を分解してえがいています。眼球のまわりにあるのは筋肉です。これが，眼球を上下左右に動かします。

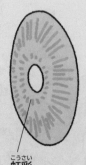

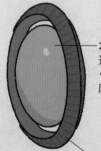

水晶体
遠くを見るときは薄く，近くを見るときは厚く変形します。

角膜
眼全体の屈折力の約65％をになします。

虹彩（こうさい）
中央の穴（瞳孔）の大きさをかえることで，眼に入る光量を調節。

毛様体（もうようたい）
水晶体を変形させるはたらきのある筋肉。

動でピントを合わせる機能をもっていることとよく似ています。

網膜でとらえられた映像は視神経を通って脳へ

　眼は，2枚のレンズをそなえています。被写体からの光は，厚さ0.6ミリメートルほどの薄くてかたい第1のレンズである「角膜（かくまく）」と，厚みが変わる第2のレンズである「水晶体」によって曲げられます。自然な状態では，水晶体から約17ミリメートルほどはなれた場所で光は焦点を結びます。光が焦点を結ぶ場所には，「網膜（もうまく）」があります。網膜全体には，光を受け取る1億もの細胞が並んでいます。つまり，眼は，1億画素のセンサーをもっているのです。網膜でとらえられた映像は，視神経を通って脳へと伝えられます。

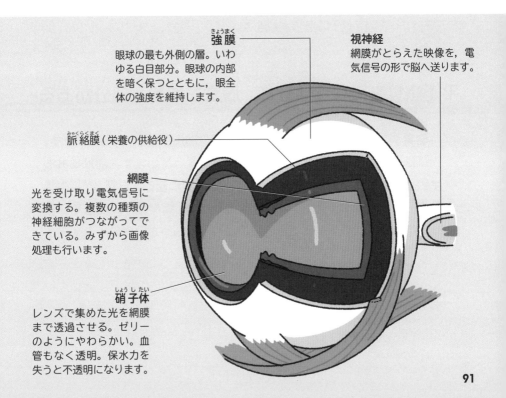

強膜（きょうまく）
眼球の最も外側の層。いわゆる白目部分。眼球の内部を暗く保つとともに，眼全体の強度を維持します。

視神経
網膜がとらえた映像を，電気信号の形で脳へ送ります。

脈絡膜（みゃくらくまく）（栄養の供給役）

網膜
光を受け取り電気信号に変換する。複数の種類の神経細胞がつながってできている。みずから画像処理も行います。

硝子体（しょうしたい）
レンズで集めた光を網膜まで透過させる。ゼリーのようにやわらかい。血管もなく透明。保水力を失うと不透明になります。

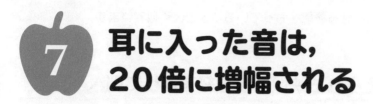

7 耳に入った音は，20倍に増幅される

三つの骨で音を増幅する

　耳で音を聞くときは，音波，すなわち空気の振動が鼓膜(こまく)をふるわせます。**鼓膜のふるえは，鼓膜の内側にある三つの小さな骨（ツチ骨，キヌタ骨，アブミ骨）へ順に伝わり，内耳へと伝えられます。**

　三つの骨は，振動を増幅させる役割をになっています。ツチ骨とキヌタ骨は，てこのように動くことで，鼓膜の振動を約1.3倍に増幅させます。さらに，アブミ骨は，振動を小さな面積に集めることで，鼓膜の振動を約17倍に増幅させます。結局，鼓膜の振動はおよそ20倍（約1.3×約17倍）に増幅されます。

平衡感覚をになう部分と，聴覚をになう部分がある

　聴覚や平衡感覚を感知する部分は，耳の奥の「内耳」にあります。内耳は，頭蓋骨にあいた複雑な洞穴部分に入っています。**内耳にある半円形をした三つの「半規管」と二つの袋（卵形嚢と球形嚢）が平衡感覚を，かたつむり（蝸牛）のような渦巻状の「蝸牛管(かぎゅうかん)」が聴覚をになっています。**次のページで，内耳のつくりをもっとくわしくみてみましょう。

耳の全体像

耳は，「外耳」「中耳」「内耳」の三つに分けられます。鼓膜は，三つの「耳小骨」を介して内耳へつながっています。

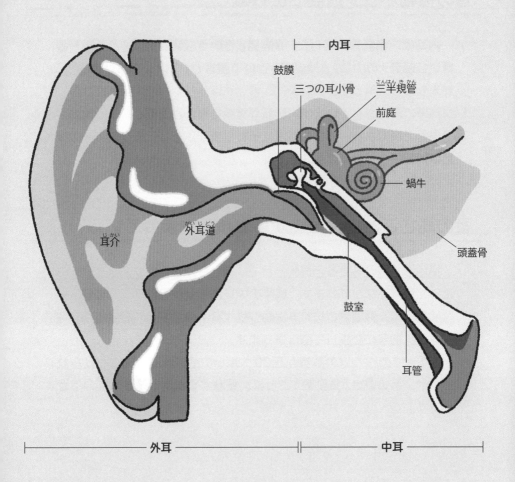

内耳

鼓膜

三つの耳小骨

三半規管

前庭

蝸牛

頭蓋骨

外耳道

耳介

鼓室

耳管

外耳

中耳

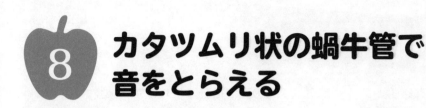

カタツムリ状の蝸牛管で音をとらえる

音の振動がリンパ液に伝わる

　内耳は，頭蓋骨にあいた「骨迷路」という複雑な洞穴（イラストの薄い色部分）の中に，「膜迷路」という器官（イラストの濃い色部分）が入りこんだ構造をしています。骨迷路は外リンパ液，膜迷路は内リンパ液で満たされています。音波が鼓膜を振動させると，その振動は耳小骨で増幅され，外リンパ液に伝わります。そして外リンパ液の振動は，蝸牛へ伝わります。

音の高さごとに，振動する場所が決まっている

　蝸牛は，上から見ると渦巻き状で，横から見るとソフトクリームのように積み重なっています。**蝸牛の中にある蝸牛管には，感覚細胞が並んでいて，鼓膜から伝わる振動が蝸牛管をゆらすと，感覚細胞が振動を電気信号に変換して脳へ送ります。**

　ヒトが2万ヘルツの高音から20ヘルツの低音までを聞きわけられるのは，音の高さ（振動数）ごとに，振動する場所が決まっているからです。

音をとらえる蝸牛のしくみ

イラストは，93ページの「内耳」の部分を拡大したものです。
音の振動は，鼓膜からオレンジ色の矢印の方向に進み，おりか
えして暗いオレンジ色の矢印の方向に進みます。そして最後は，
鼓室窓（第二鼓膜）にたどりつきます。

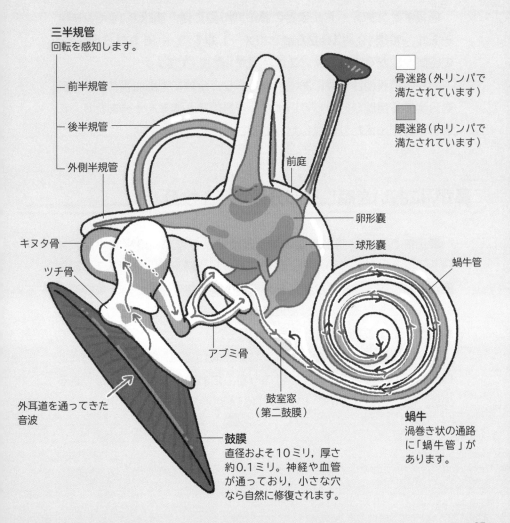

三半規管
回転を感知します。

— 前半規管

— 後半規管

└ 外側半規管

骨迷路（外リンパで
満たされています）

膜迷路（内リンパで
満たされています）

前庭

キヌタ骨

ツチ骨

卵形囊

球形囊

蝸牛管

アブミ骨

外耳道を通ってきた
音波

鼓室窓
（第二鼓膜）

蝸牛
渦巻き状の通路
に「蝸牛管」が
あります。

鼓膜
直径およそ10ミリ，厚さ
約0.1ミリ。神経や血管
が通っており，小さな穴
なら自然に修復されます。

9 鼻は，切手1枚分の領域で においを感知する

鼻腔の表面は，粘膜におおわれている

　直径1センチメートルほどの鼻の穴の奥には，奥行き10センチメートル，容積10〜15立方センチメートル（10〜15ミリリットル）の空間が広がっています。この空間が「鼻腔」です。

　鼻腔内の表面は粘膜におおわれており，全体に毛細血管や鼻水の元を分泌する鼻腺が分布しています。空気に熱と湿気を十分あたえ，のどより奥が冷えたり乾燥したりすることを防ぐためです。

鼻が，においを感じる部分は切手1枚分

　鼻腔をおおう粘膜の表面積は，郵便はがき大の150平方センチメートルほどです。そのうち，においを感じる部分は，普通切手1枚の面積とほぼ同じ，5平方センチメートルほどにすぎません。鼻腔深くの天井部にあたるわずかな領域にのみ，においの分子を検知する神経細胞が分布する「嗅粘膜」があります。

　ヒトは安静時に2秒かけて鼻から息を吸いこみ，3秒かけて吐くという周期で呼吸しています。このうち，においを感じることができるのは，吸いこみはじめの1秒強だけだとされています。

鼻腔と副鼻腔

鼻腔は，濃い色の部分です。鼻腔の周囲には，複数の副鼻腔が
あります。鼻腔の左右にあるのが「前頭洞」と「上顎洞」，奥に
あるのが「蝶形骨洞」と「篩骨洞」です。副鼻腔は，声の反響，
衝撃をやわらげるなどの役割をになっています。

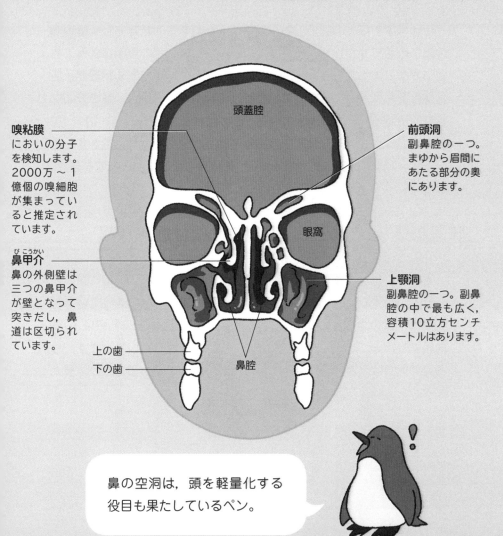

嗅粘膜
においの分子
を検知します。
2000万～1
億個の嗅細胞
が集まってい
ると推定され
ています。

鼻甲介（びこうかい）
鼻の外側壁は
三つの鼻甲介
が壁となって
突きだし，鼻
道は区切られ
ています。

頭蓋腔

眼窩

前頭洞
副鼻腔の一つ。
まゆから眉間に
あたる部分の奥
にあります。

上顎洞
副鼻腔の一つ。副鼻
腔の中で最も広く，
容積10立方センチ
メートルはあります。

上の歯
下の歯

鼻腔

鼻の空洞は，頭を軽量化する
役目も果たしているペン。

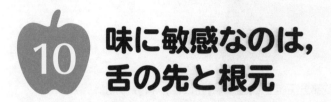

味に敏感なのは，舌の先と根元

味の元になる物質を検出するのは「味蕾」

　舌は基本的にどの部分でも，①苦味，②酸味，③甘味もしくは塩味の順に敏感です。しかし味の感じやすさ自体は，舌の場所によってちがいがあります。**なぜなら，味の元となる物質を検知する組織が，舌全体にまんべんなく分布しているわけではないからです。味の元となる物質を検出する組織は，「味蕾」とよばれます。**味蕾は，40～70個の細胞の集合体で，物質を検出して神経へ信号を送る細胞を含んでいます。味蕾は，舌の先や根元付近，側縁後方などに集まっています。

味蕾が最も多いのは，舌のつけ根付近の突起

　舌の上にある味蕾は，「舌乳頭（ぜつにゅうとう）」とよばれる突起状の構造に組みこまれています。舌乳頭は4種類あり，**味蕾が最も多く集まっている舌乳頭は，舌のつけ根付近にある「有郭乳頭（ゆうかくにゅうとう）」です。**有郭乳頭は10個前後あり，一つ一つに200～250個もの味蕾が集中しています。なお有郭乳頭は，舌を思いきり前に出して横へ曲げるようにすれば見えます。

のどや口の天井部でも味わう

成人の味蕾のうち約80%は舌の上にあります。残り約20%は,
のどや口内奥の天井部のやわらかい部分（軟口蓋）にあります。

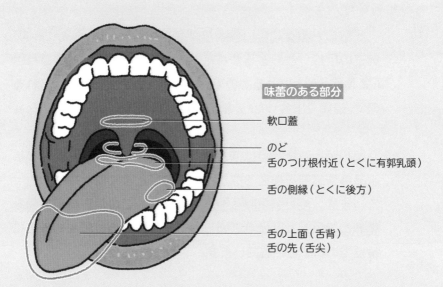

味蕾のある部分

軟口蓋

のど
舌のつけ根付近（とくに有郭乳頭）

舌の側縁（とくに後方）

舌の上面（舌背）
舌の先（舌尖）

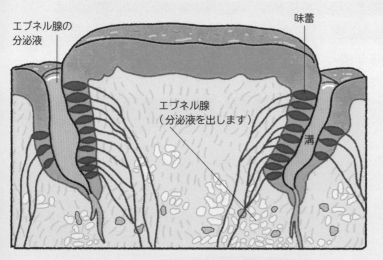

エブネル腺の
分泌液

味蕾

エブネル腺
（分泌液を出します）

溝

有郭乳頭
舌のつけ根付近に
10個前後が並んで
います。できものの
ように見えるため,
異常だと考えてしま
う人もいます。1個
の有郭乳頭に200
をこす味蕾が集まっ
ています。

99

トカゲには第三の目がある

一部のトカゲには，両目の間にもう一つの目があります。第三の目!?　とおどろかれた人もいることでしょう。これは「頭頂眼」とよばれるものです。ニホンカナヘビにも見られるので，道端で出会ったら，額のあたりを観察してみてください。

頭頂眼は，見た目はほとんど目だとわかりません。しかし水晶体や網膜を備えるなど，本来の目とよく似た構造をもっています。ただ頭頂眼をもつトカゲは，この第三の目で物を見るのではなく，光を感知して方向や自分の位置を知るのに役立てているとされています。

頭頂眼はトカゲのほかに，両生類や魚類など原始的な脊椎動物の一部に多く見られます。このことから，かつては，ほかの生物は進化の過程でこの第三の目をなくしたとか，生物はもともと一つ目だったものが二つ目に進化したとする説がありました。しかし近年の研究では，第三の目は，本来の目とはまったく別の，独立した器官であると考えられています。

カメレオンの舌は，超高速で飛びだす

体長よりずっと長くのびる舌を使って，食物となる昆虫をつかまえるカメレオン。舌を打ちだす速度はおどろくほど速く，極小のカメレオンの一種では，停止した状態から，わずか100分の1秒で，時速60マイル（時速約97キロメートル）に達するといわれています。

カメレオンの長い舌は，アコーディオンの蛇腹のように折りたたまれて，口の中に収納されています。舌の中には「舌骨」という棒状の骨があります。

カメレオンの舌が飛びだすしくみは，舌骨に巻きついた「収縮筋」という筋肉をぎゅっと締めつけて，「加速筋」を前に飛びださせるというものです。ちょうど，ビー玉を親指と人差し指ではさんでおいて，力を入れるとビー玉が押されて飛びだすのと同じです。舌の先端がビー玉さながらに飛びだしていくのです。

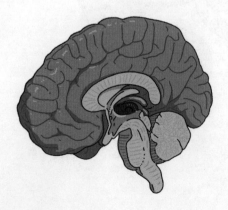

5. 体内をかけめぐる血液

私たちの体に張りめぐらされている，血管やリンパ管には，生命の維持に不可欠な血液・ホルモンが流れています。血管やリンパ管の中には，外敵と戦う細胞や，酸素を運ぶ細胞，掃除専門の細胞など，小さくても大活躍する細胞がたくさんいます。また，病原体から体を守る免疫細胞には，さまざまな種類があります。

1 多くの機能をそなえた 流れる臓器，血液

血液は，液体と細胞成分からできている

　血液は，体重のおよそ8％ほどを占めています。体重が60キログラムの成人であれば，5キログラム弱（体積としては5リットル弱）が血液です。**血液は，黄色みを帯びた液体の「血漿」と，「細胞成分」からなります。**血漿は血液の体積の約55％を占めており，その多くが水です。ただし血漿の中には，栄養素や体のはたらきを調整する「ホルモン」など，重要な物質が含くまれています。

　一方，残りの45％の細胞成分とは，酸素を運ぶ「赤血球」，体内に侵入した外敵を退治する「白血球」，出血を止める「血小板」です。血液が赤いのは，赤血球が赤いからです。

血液は体の状態を示すバロメーター

　血液の成分は，私たちが生命を維持するために必要不可欠なものです。そのため血液は，「流れる臓器」とよばれることもあります。一般的には，血液の25％が失われると命にかかわるといわれています。

　全身をめぐる血液には，体の各部からさまざまな物質が少しずつ混ざりこんでいます。血液検査で体の健康状態がわかるのは，このためです。血液は体の状態を示す，バロメーターなのです。

血漿と細胞成分

血漿成分の一部は，血管のすき間を通って血管の内外を行き来しています。一方，細胞成分のうちの赤血球と血小板は，基本的には血管の外に出ることはありません。

血漿

約91％は水で，残りの大部分はタンパク質です。タンパク質にはさまざまな種類があり，血漿の浸透圧を保つアルブミン，止血の補助をするフィブリノゲンなどが含まれています。

細胞成分

赤血球
酸素を体の各部に運ぶ役割をになっています。直径0.007 ～ 0.008ミリメートルで，直径0.005ミリメートル程度のせまい毛細血管の中も，変形して通ることができます。

白血球
体に侵入した外敵を撃退する役割をになっています。大きさは0.006 ～ 0.03ミリメートル。大部分は血管以外の場所にあり，血管の中にあるのは一部です。

血小板
出血をとめる役割をになっています。大きさ0.002ミリメートル前後の細胞の断片です。

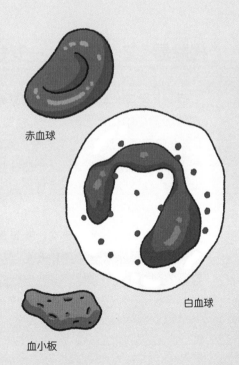

赤血球

白血球

血小板

2 コレステロールで、血管が硬くなる

コレステロールが多すぎると、動脈硬化がおきる

　血液に含まれるコレステロールは、細胞膜の素材などとして使われている物質で、ヒトにとって必須の物質です。**しかし肥満や運動不足などによって血液中のコレステロールが多くなりすぎると、「動脈硬化」がおきる可能性が高くなります。**

"掃除屋"マクロファージもお手上げ

　コレステロールは、血管の内壁の細胞（内皮細胞）のすきまを通り、血管の壁の中にたまっていく性質があります。白血球の一種である「マクロファージ」は、これを"掃除"してくれます。

　ところが血液中のコレステロールの濃度が高すぎると、コレステロールがどんどん壁の中に入りこみ、マクロファージの掃除がおいつかなくなります。そしてコレステロールを食べ過ぎたマクロファージは、その場で死んでしまいます。**すると、コレステロールとマクロファージの死骸が血管の壁の中にどんどんたまってふくらみ、血管がかたくなって弾力を失います。これが動脈硬化です。**

動脈硬化で血管がつまる

動脈硬化の状態がつづくと，血管の中はせまくなります。さらに，血管の壁が傷つく場合があります。すると応急処置をほどこそうと血小板が集まり，血液の通り道はさらにせまくなり，最悪の場合は血管が完全にふさがれます。これが「梗塞」です。

今にも梗塞をおこしそうな血管

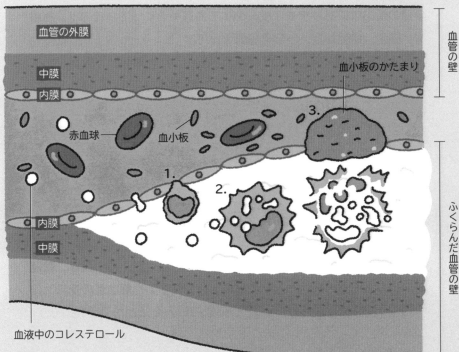

血管の外膜
中膜
内膜
血小板のかたまり
血管の壁
赤血球
血小板
3.
1.
2.
内膜
中膜
ふくらんだ血管の壁
血液中のコレステロール

1. コレステロールは，血管の内壁から壁の中へと入りこみます。

2. マクロファージの掃除がおいつかず，血管の壁の中にコレステロールやマクロファージの死骸がたまっていきます。

3. 血小板が傷ついた血管の壁をふさごうとします。つまりかけていたところにふたをするので，血管が完全につまります。

3 血球は，骨の中で つくられる

1種類の細胞から赤血球，白血球，血小板ができる

　血液に含まれる赤血球，白血球，血小板は，「骨髄」でつくられています。骨髄とは，骨の内部にある赤黒い部分のことです。骨髄は，全身の骨の中にあります。成人の体で血球をつくっているのは，脊椎骨，肋骨，骨盤など，一部の骨髄のみです。

　これらの骨髄には，「造血幹細胞」とよばれる細胞が多数存在しています。似ても似つかない姿をしている赤血球，白血球，血小板は，実はすべて1種類の造血幹細胞からつくられたものです。造血幹細胞は，イラストのようにどんどん分化していきます。あるものは血小板に，あるものは赤血球になるのです。

毛細血管の壁のすき間から入りこんでいく

　造血幹細胞から分化して成熟した赤血球，白血球，血小板は，骨髄の中にある毛細血管へと入りこみます。骨髄中の毛細血管の壁には比較的大きなすき間があり，そこから血管内に入ることができるのです。

造血幹細胞が分化するようす

1種類の造血幹細胞からさまざまな細胞に分化していきます。
分化した細胞は血管のすき間を通ってなかに入っていきます。

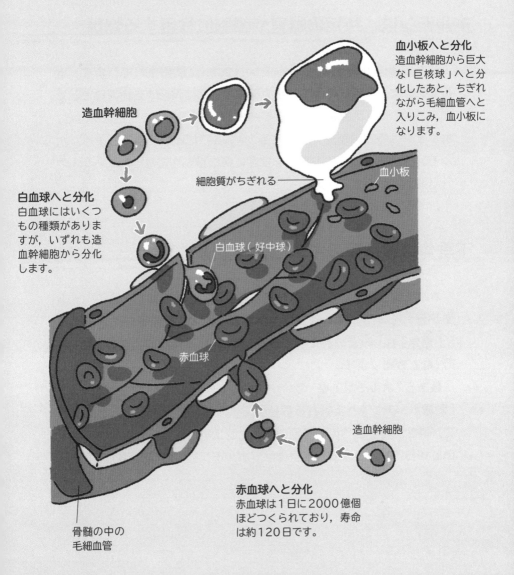

血小板へと分化
造血幹細胞から巨大な「巨核球」へと分化したあと，ちぎれながら毛細血管へと入りこみ，血小板になります。

造血幹細胞

細胞質がちぎれる

血小板

白血球へと分化
白血球にはいくつもの種類がありますが，いずれも造血幹細胞から分化します。

白血球（好中球）

赤血球

造血幹細胞

骨髄の中の
毛細血管

赤血球へと分化
赤血球は1日に2000億個ほどつくられており，寿命は約120日です。

4 特定の細胞に向けて送られる "メール"，ホルモン

ホルモンは，特定の器官や細胞に作用する物質

　私たちの体の調子は，「ホルモン」によって調整されています。ホルモンとは，血流にのって特定の器官や細胞に作用する物質のことです。特定の細胞に直接信号を送る神経を"有線電話"にたとえるなら，ホルモンは特定の細胞に送られる"メール"だといえるでしょう。ホルモン分泌を通じて体内環境を安定に保つ役割をになうしくみは「内分泌系（ないぶんぴつけい）」とよばれています。

下垂体は数種類のホルモンを分泌する

　ホルモンを分泌する細胞はいろいろな器官にあります。とくにホルモン分泌を専門とする独立した器官としては，視床下部直下にある「下垂体（かすいたい）」や，のどのあたりにある「甲状腺（こうじょうせん）」，腎臓（じんぞう）の上にのった「副腎（ふくじん）」などがあります。

　数ある"ホルモン工場"のなかでも，下垂体は別格です。なぜなら，「刺激ホルモン」とよばれる数種類のホルモンを分泌することによって，はなれたところにある別のホルモン工場のはたらきをあやつっているからです。つまり，下垂体は，ホルモン社会の司令塔なのです。

ホルモンを分泌する副腎

イラストは, 腎臓の上にある副腎を拡大してえがいたものです。副腎の中は「髄質」と「皮質」の２層に分かれていて, それぞれ種類のことなるホルモンを分泌します。

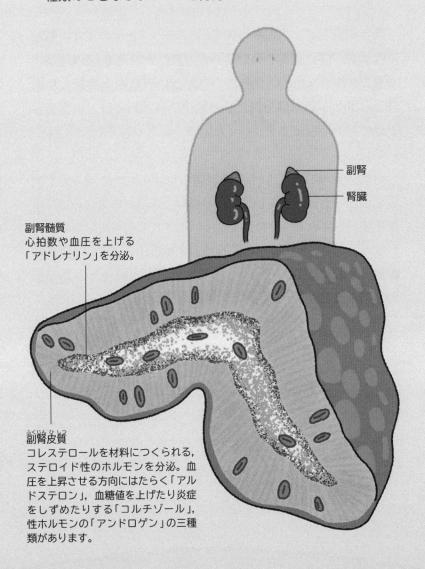

副腎

腎臓

副腎髄質
心拍数や血圧を上げる「アドレナリン」を分泌。

副腎皮質
コレステロールを材料につくられる, ステロイド性のホルモンを分泌。血圧を上昇させる方向にはたらく「アルドステロン」, 血糖値を上げたり炎症をしずめたりする「コルチゾール」, 性ホルモンの「アンドロゲン」の三種類があります。

焼き肉で，内臓はなぜホルモン？

焼き肉屋では，内臓系の肉を「ホルモン」とよびます。もともとは食べずに捨てていた部分だから，大阪弁の「放るもん」から「ホルモン」という名がついたという話をよく耳にします。しかし，これは俗説といわれています。では，本当の由来は何なのでしょう？

「ホルモン料理」という名前が使われはじめたのは，大正中期ごろからといわれています。当時は，内臓だけでなく納豆や長芋なども含めて，滋養強壮によいとされる食べ物をホルモン料理とよんでいました。ところが途中から，ホルモン（内分泌物質）を含んだ獣や魚の内臓だけをホルモン料理とよぼうという声が出てきたのです。

そして、豚や牛の大腸や小腸を焼いた料理を指す、「ホルモン焼き」という言葉だけが残ったようです。

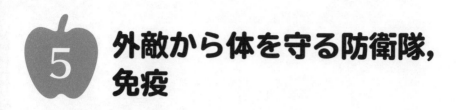

5 外敵から体を守る防衛隊，免疫

のどの痛みや鼻水は，免疫細胞が戦っている証

　私たちの体は，常に病原体などの外敵と戦っています。戦っているのは，主に「免疫細胞」です。たとえば，のどの痛みや鼻水は，免疫細胞たちが体に侵入した病原体に徹底抗戦をしかけている証です。もし私たちが免疫システムという防御機構をもっていなかったら，すぐに侵入した病原体にやられてしまうでしょう。

免疫システムは2段階

　哺乳類の免疫システムは，主に「白血球」とよばれる細胞によってなりたっています。白血球には，「マクロファージ」「樹状細胞」「好中球」「T細胞」「B細胞」など，いくつもの種類があります。
　免疫システムは二つあります。一つは「自然免疫」といい，生まれたときから自然に備わっている免疫です。もう一つは「獲得免疫」といいます。獲得免疫は，一度攻撃したことのある病原体の情報を細胞が記憶しておく免疫です。獲得した病原体の情報があれば，同じ病原体が侵入してきたとき，いち早く攻撃を開始できます。

免疫細胞の種類

免疫細胞は、いろいろな種類があります。ここには、
代表的な免疫細胞をえがきました。

自然免疫ではたらく主な細胞

細菌

マクロファージ
細菌などの病原体や、こわれたり古くな
ったりした細胞を飲みこみ、消化します。

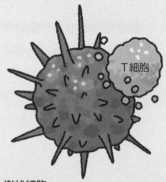

T細胞

樹状細胞
病原体を飲みこみ、消化した病原体の
一部をT細胞に提示する役割もになっ
ています。

獲得免疫ではたらく主な細胞

細菌

抗体

抗体を分泌している
形質細胞

B細胞
B細胞は病原体の記憶をする「記憶B細胞」
と、抗体をつくって戦う「形質細胞」に分か
れます。

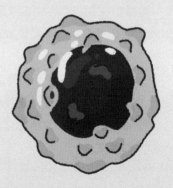

キラーT細胞
細菌・ウイルスなどの病原体が感染した
自己細胞や、がん化した自己細胞を見つ
けて、殺すはたらきをもちます。

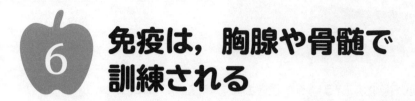

6 免疫は，胸腺や骨髄で訓練される

あらかじめ膨大な種類が用意されるリンパ球

　免疫細胞のうちＴ細胞やＢ細胞は，特定の物質に結合する「抗体」という武器をつくって，体を攻撃してくる病原体（抗原）に対応します。Ｔ細胞やＢ細胞は，一つの細胞につき，１種類の受容体や抗体しかつくることができません。ですから，どんな種類の病原体にも反応できるように，Ｔ細胞やＢ細胞は，あらかじめ膨大な種類が用意されています。

Ｔ細胞は「胸腺」，Ｂ細胞は「骨髄」で分化

　Ｔ細胞は，骨髄である程度まで分化した後，血液にのって運ばれ，「胸腺」の中でことなる種類の病原体と反応する細胞に分化します。一方，Ｂ細胞は，「骨髄」の中で，ことなる種類の病原体と反応する細胞に分化します。

　分化したＴ細胞やＢ細胞は，自己を敵だと誤って認識し攻撃してしまうことがないよう，選びぬく必要があります。Ｔ細胞は胸腺で，Ｂ細胞は骨髄などで，自己に反応してしまう細胞を除去する「選択」が行われます。

抗原に一致したものだけふえる

T細胞やB細胞は，それぞれことなる種類の受容体や抗体をもっています。B細胞は，侵入してきた病原体（抗原）を認識できたB細胞だけが，大量にふえて病原体と戦います。

ことなる受容体をもつB細胞

病原体（抗原）を認識したB細胞

病原体（抗原）を認識する受容体をもつB細胞だけがふえます。

増殖して戦いに挑むB細胞

形質細胞となって抗体を放出します。

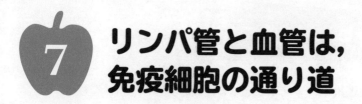

リンパ管と血管は，免疫細胞の通り道

T細胞とB細胞は，血液とリンパ液にのって循環

免疫をになうT細胞やB細胞は，ふだん体のどこにいるのでしょう。答は，消化管や血液，リンパ管の中です。

体には，血管のほかに，リンパ管が樹枝のように張りめぐらされています。リンパ管は，体中のあらゆる組織で「毛細リンパ管」としてはじまり，しだいに集合して「リンパ管」となり，鎖骨の下で静脈へつながっています。

毛細血管から体の組織にしみだした組織液の一部が，この毛細リンパ管に入って「リンパ液」とよばれるようになります。

リンパ節は戦いの拠点

T細胞やB細胞は，血液とリンパ液の流れにのって，体内を循環し，外敵がいないか見張っています。

免疫細胞は，リンパ管に沿って点在する「リンパ節」に多くいて，外部から侵入した病原体に出会うと，T細胞やB細胞による防衛戦がはじまります。風邪をひいてリンパ節がはれるのは，リンパ節で戦いがおき，免疫細胞が集まってきている状況です。扁桃腺もリンパ節のような器官であり，その腫れも，免疫細胞たちが戦っている証拠なのです。

免疫システムをになう組織

体内には，免疫システムをになう組織が散らばっています。胸腺や骨髄は，リンパ球を分化させる器官で，ここで分化したＴ細胞やＢ細胞は，血液やリンパ液の流れにのって体内を循環します。

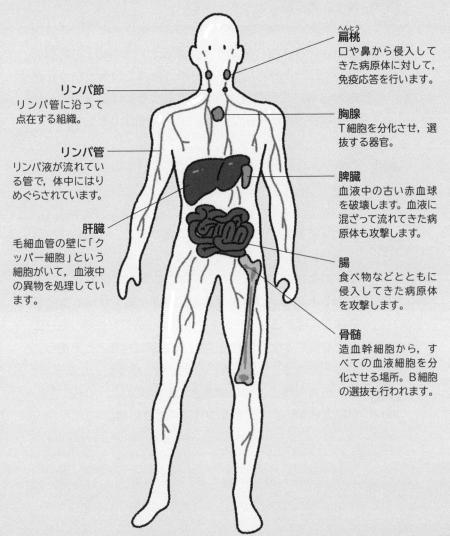

扁桃 へんとう
口や鼻から侵入してきた病原体に対して，免疫応答を行います。

リンパ節
リンパ管に沿って点在する組織。

胸腺
Ｔ細胞を分化させ，選抜する器官。

リンパ管
リンパ液が流れている管で，体中にはりめぐらされています。

脾臓
血液中の古い赤血球を破壊します。血液に混ざって流れてきた病原体も攻撃します。

肝臓
毛細血管の壁に「クッパー細胞」という細胞がいて，血液中の異物を処理しています。

腸
食べ物などとともに侵入してきた病原体を攻撃します。

骨髄
造血幹細胞から，すべての血液細胞を分化させる場所。Ｂ細胞の選抜も行われます。

博士！
教えて!!

肥満はなぜ体に悪いの？

博士。僕，最近太っちゃって…。

それはいかんな。そもそも，太るというのは「白色脂肪細胞」という細胞に脂肪がためこまれているということなんじゃ。この細胞は脂肪を貯蔵するだけじゃなく，全身に向かっていろんな「ホルモン」を分泌しておる。

あれ？　体に必要なものを分泌しているのに，何がよくないんですか？

白色脂肪細胞が過剰な脂肪を貯蔵すると，白色脂肪細胞から分泌される物質の量が増減する。それが，体に悪影響をおよぼすんじゃ。たとえば，血管を収縮させる効果のあるホルモンが増加すると，血管が細くなって高血圧になる。ほかにも，血液中から細胞へのブドウ糖の取りこみを抑制する物質が増加して，高血糖になることもある。

それじゃあ僕のおやつは博士にあげますよ。でも，かわりに太らないように気をつけてくださいね。

玄白, ターヘル・アナトミアを購入

玄白が38歳のとき
中川淳庵が
オランダ語の医学書
『ターヘル・アナトミア』
を借りてきた

全く読めなかったが
精密画はまるで
実物を見て
えがかれたようだ

幕府のお殿さまに
資金を出してもらい

ターヘル・
アナトミアが
玄白のものになった

そんなとき
町奉行から手紙が届き
解剖を見られることに

中川淳庵と
前野良沢を誘って
見に行った

この
本は
すごい!

ターヘル・
アナトミアの精密画は
実際の人体の内臓と
全く同じだった

日本語に
翻訳しようと
決意する

解体新書の執筆

アルファベットさえ習ったことがない玄白たちにとって

フルヘンヘッド

オランダの医学書を読むことは暗号解読のようだった

オランダ語をかじった前野良沢にさえ翻訳作業は困難だった

良沢は藩医としての本職をサボってまで無心に翻訳した

良沢は細かなところまでしっかり翻訳したがった

玄白は、完璧な翻訳よりも正確な情報をいち早く世に伝えたかった

このままでは発表前に寿命が尽きる

1774年8月 玄白は『解体新書』を出版。最初の一冊を幕府に献上

3年がかりの大仕事だった

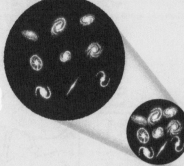

ニュートン式
超図解 **最強に面白い!!**

死

A5判・128ページ　990円（税込）

　この世に生まれたものはすべて，老いて死にます。これはだれもが避けることのできない宿命です。生から死へむかう過程で，私たちの体の中でいったい何がおきるのでしょうか。

　本書は，科学的な面から死についてせまる一冊です。死とは何なのか，そして死がなぜ存在するのかなど，死にまつわる不思議を"最強に"面白く解説します。ぜひご一読ください！

 主な内容

「生」と「死」の境界線

人の「死」を決定づける，三つの特徴
体は生きているのに，決して意識が戻らない「脳死」

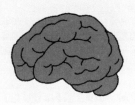

死へとつながる老化

脳の老化は，20代からはじまる
筋肉が衰えると，生命維持機能が低下する

細胞の死が，人の死をみちびく

毎日4000億個の細胞が，死んでいる
脳細胞の死が進みすぎるアルツハイマー病

Staff

Editorial Management	木村直之
Editorial Staff	井手 亮
Cover Design	岩本陽一
Editorial Cooperation	株式会社 キャデック(小林綾華)

Illustration

表紙カバー	羽田野乃花	83~97	羽田野乃花
表紙	羽田野乃花	99	木下真一郎さんのイラストを元に
3~20	羽田野乃花		羽田野乃花が作成
23	荻野瑶海さんのイラストを元に	101~104	羽田野乃花
	羽田野乃花が作成	107	木下真一郎さんのイラストを元に
25~39	羽田野乃花		羽田野乃花が作成
40	荻野瑶海さんのイラストを元に	109~115	羽田野乃花
	羽田野乃花が作成	117	月本事務所のイラストを元に
42~78	羽田野乃花		羽田野乃花が作成
81	黒田清桐さんのイラストを元に	119~125	羽田野乃花
	羽田野乃花が作成		

監修(敬称略):
橋本尚詞(東京慈恵会医科大学解剖学講座教授)

本書は主に,Newton 別冊『人体完全ガイド』の一部記事を抜粋し,
大幅に加筆・再編集したものです。

初出記事へのご協力者(敬称略):
　朝比奈靖浩(東京医科歯科大学消化器内科・肝臓病態制御学講座教授)
　上西一弘(女子栄養大学栄養学部栄養生理学研究室教授)
　川北哲也(北里研究所病院眼科部長,慶應義塾大学医学部眼科非常勤講師)
　坂井建雄(順天堂大学保健医療学部理学療法学科特任教授)
　杉本久美子(東京医科歯科大学名誉教授)
　巽 英介(国立循環器病研究センター研究所先進医工学部門長・オープンイノベーションセンター副センター長)
　橋本尚詞(東京慈恵会医科大学解剖学講座教授)
　三輪高喜(金沢医科大学医学部耳鼻咽喉科学教授)
　渡辺 守(東京医科歯科大学高等研究院特別栄誉教授)

ニュートン式
超図解　最強に面白い!!

人体

2020年3月10日発行　　2021年9月15日 第3刷

発行人	高森康雄
編集人	木村直之
発行所	株式会社 ニュートンプレス　〒112-0012東京都文京区大塚3-11-6

© Newton Press　2020　Printed in Taiwan
ISBN978-4-315-52216-7